Google Apps Script の基礎が学べる本

亀田 健司 著

インプレス

注意書き

● 本書の内容は、2025年2月の情報に基づいています。記載した動作やサービス内容、URLなどは、予告なく変更される可能性があります。
● 本書の内容によって生じる直接的または間接的被害について、著者ならびに弊社では一切の責任を負いかねます。
● 本書中の社名、製品・サービス名などは、一般に各社の商標、または登録商標です。本文中に ©、®、™ は表示していません。

ダウンロードの案内

本書に掲載しているソースコードはダウンロードできます。パソコンの WEB ブラウザで下記 URL にアクセスし、「●ダウンロード」の項目から入手してください。

https://book.impress.co.jp/books/1124101109

学習を始める前に

はじめに

本書は、これからGAS（Google Apps Script）の学習を始めようとしている人のための入門書です。GASはJavaScriptというWebで一般的に用いられている言語を基盤としたスクリプト言語です。そのため、JavaScriptをすでに学んでいる人にとっては、習得に何ら苦労のいらない言語となっています。

使用目的はスプレッドシート、Gmailをはじめとする Googleのクラウドベースのアプリケーションの自動化や連携にあります。特にスプレッドシートと連携して使われることが多く、例えば、スプレッドシートにデータの自動入力や、特定の条件でGmailを送信するなどの操作が簡単に行えるのが特徴です。また、生成AIであるGeminiとの連携ができるようになったことでその可能性が広がっており、近年DXを推進している企業で積極的に活用されています。

◎本書の最終目標

本書では、GASの文法を少しずつ学びつつ、少しずつプログラミング自体に慣れていき、最終的にGASで使える簡単なアプリを作れるようになることを目的とします。

なお、学習者はGoogleアカウントを持ち、スプレッドシートやGmailなど簡単なクラウドアプリの利用ができることを前提としています。ただ、基本的に押さえておかなければいけない知識や、少し難しいと思われる部分については詳細に解説します。また、開発環境としてはGoogleのWebブラウザであるGoogle Chromeを使用して解説していきます。

本書の構成

GASを学ぶ人々は少なからずプログラミングの経験がない人が多いため、「一体GASってどこから勉強したらよいかわからない」という入門者も少なくありません。そこで、本書では説明を全7章、7日分に分けて、1日1章分学んでいけばGASの基礎について学べるようになっています。

GAS はいろいろな使い方ができますが、最も使用頻度が高いスプレッドシートでの利用を中心に解説しつつ、Gmail、カレンダー、フォームなどその他のサービスとの連携についても勉強していきます。

この本の活用方法

本書は GAS の基本の解説、ならびに練習問題から成り立っています。本書を効果的に利用するためには、以下のような読み方をお勧めします。

◉ 1回目：

全体を日程どおり 1 週間でざっと読んで基礎を理解する。問題は飛ばしてサンプルを入力し、難しいところは読み飛ばして流れをつかむ。

◉ 2回目：

復習を兼ねて冒頭から問題を解くことを中心として読み進める。問題は難易度に応じて★マークが付いているので、★マーク 1 つの問題だけを解くようにする。その過程で理解が不十分だったところを理解できるようにする。

◉ 3回目：

★マーク 2 つ以上の上級問題を解いていき、実力を付けていく。わからない場合は解説をじっくり読み、何度もチャレンジする。

本書の使い方

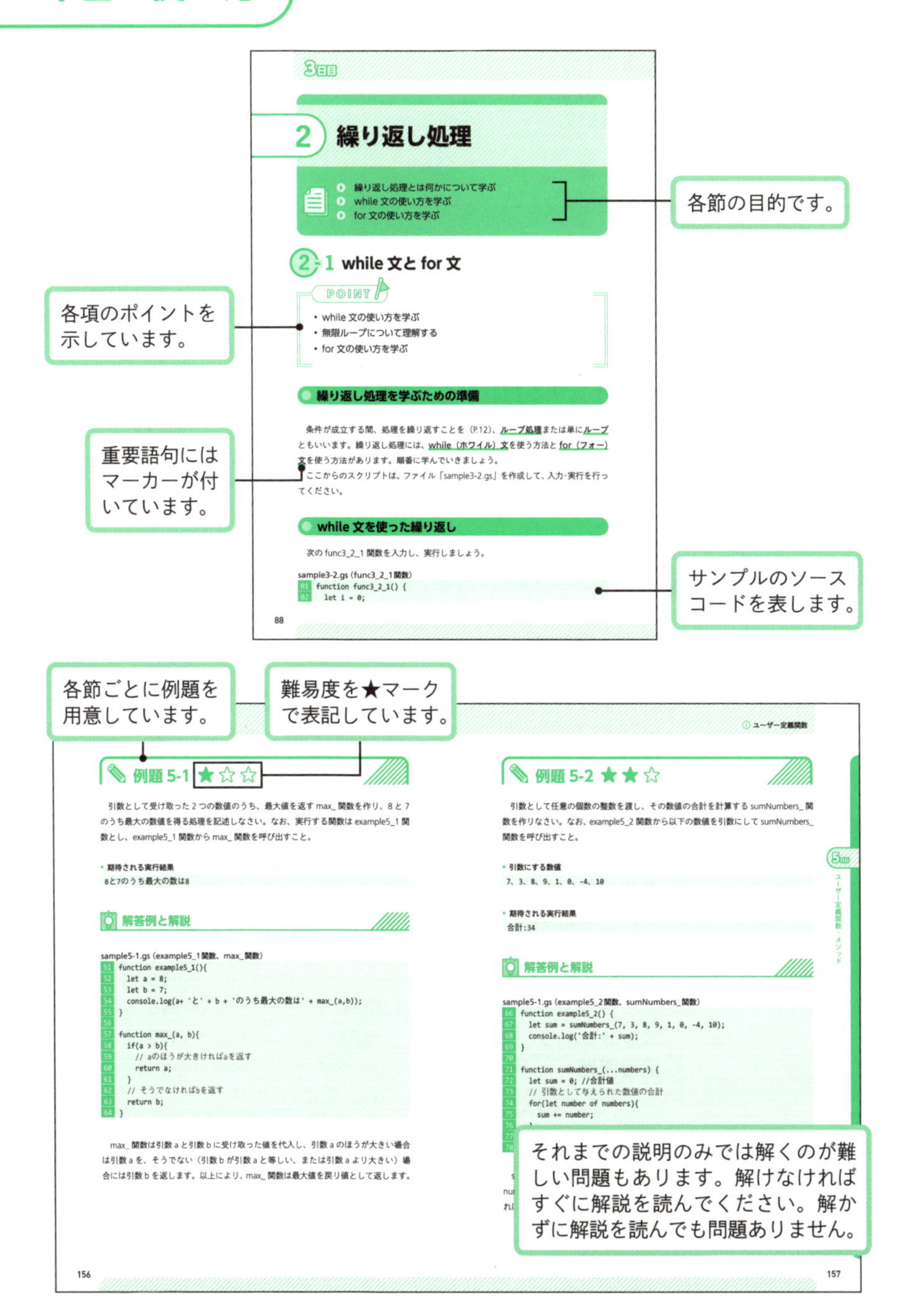

各節の目的です。
各項のポイントを示しています。
重要語句にはマーカーが付いています。
サンプルのソースコードを表します。
各節ごとに例題を用意しています。
難易度を★マークで表記しています。
それまでの説明のみでは解くのが難しい問題もあります。解けなければすぐに解説を読んでください。解かずに解説を読んでも問題ありません。

目次

1日目

はじめの一歩

プログラミングの基礎知識を身に付ける

- アルゴリズムについて理解する
- 変数と関数について学ぶ
- オブジェクト指向の概念を理解する

1-1 アルゴリズム

- アルゴリズムとは何かを理解する
- アルゴリズムの 3 大処理を理解する
- アルゴリズムが必要な理由を理解する

アルゴリズム

プログラミングを学ぶために、まずはアルゴリズムの考え方を理解しましょう。

例えば、あなたがカレーを作るとします。過去にカレーを作ったことがあれば話は別ですが、はじめて作るときはレシピを参考にして作るはずです。では、レシピとは何でしょう？　レシピとは、「使用する材料の名前と量」と「材料を加工して調理する手順」で構成された作業の指示書です。カレーの場合、肉やジャガイモ、玉ねぎやカレー粉などの材料を用意し、それらを切ったり、加熱したりして料理を完成させます。コンピュータの世界において、この「調理の手順」に該当するものを**アルゴリズム**といいます。

アルゴリズムの3大処理

アルゴリズムは、プログラムの骨格です。アルゴリズムには次のような3大処理があります。

◎順次処理（じゅんじしょり）

処理の流れが記述した順番に実行されることを順次処理といいます。次の場合、処理①→処理②→処理③と上から順番に実行されます。

● 順次処理

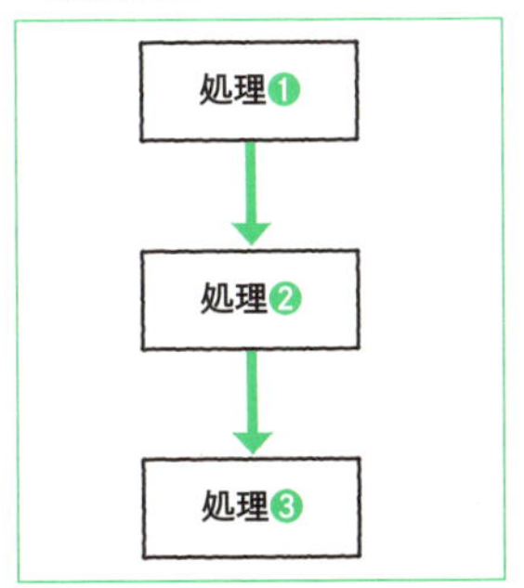

◎分岐処理（ぶんきしょり）

処理の流れが条件により変わることを、分岐処理といいます。例えば、私たちも「天気予報が雨ならば傘を持って外出し、そうでなければ持たずに外出する」のように、条件によって行動を変えます。

● 分岐処理

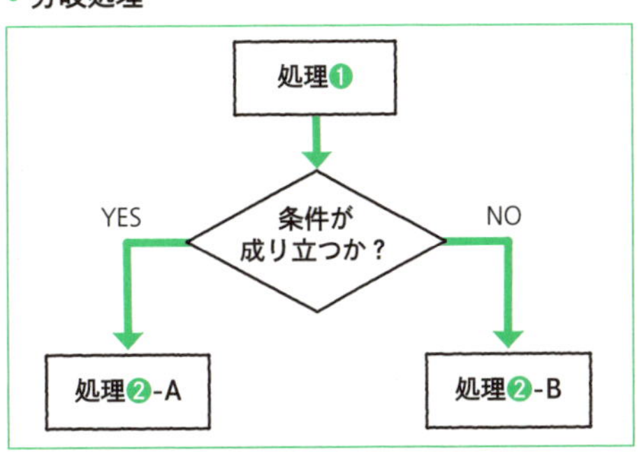

◉繰り返し処理（くりかえししょり）

条件が成立する間、処理を繰り返すことを繰り返し処理といいます。例えば、「1から10までの整数の和を計算をする」ような処理の場合には、繰り返し処理が必要です。次の場合、終了条件を満たすまで処理①が繰り返し実行され、終了条件を満たすと処理②に進みます。

• 繰り返し処理

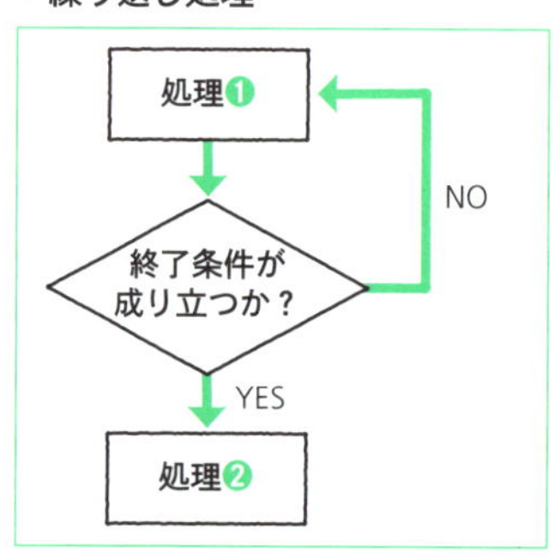

プログラムとアルゴリズムの関係

ほとんどのプログラムは、ステートメント（文）と呼ばれる指示や命令の羅列で構成されます。原則的に、プログラムのステートメントは上から下に向かって実行されます。ただし、この原則は順次処理の場合であり、分岐処理や繰り返し処理があった場合、そこで処理の流れが変わります。

プログラミング言語にはさまざまな種類があり、言語が異なるとステートメントの記述方法も異なります。しかし、プログラミング言語が異なっても、アルゴリズムの考え方は同じです。アルゴリズムを理解しておくことで、言語が異なっていても同じような処理を行うプログラムを容易に記述できます。

アルゴリズムの3大処理を使うことで、さまざまな処理を行うプログラムを作れます。しかし、実際にプログラムを作るときには、次に説明する変数や関数なども使用します。

重要

プログラミングのスキルを上げるためには、アルゴリズムを理解しておいたほうがよいでしょう。

1-2 変数と関数

- 変数の概念を理解する
- 関数の概念を理解する

変数

プログラムを作るうえで、数値や文字列などのデータは欠かせない存在です。2 つの数値の足し算を行うプログラムを作る場合、足し算に使う 2 つの数値と足し算の結果をデータとして保持しておく必要があります。

プログラム内でデータを保持しておきたいときは、**変数（へんすう）**と呼ばれるデータを保管するための器を利用します。

◎ 変数の宣言

変数を作ることを**宣言（せんげん）**といい、変数ごとに名前（変数名）を付けて管理します。プログラミング言語によってルールは異なりますが、一般的にはアルファベットと数字を組み合わせた名前を付けます。例えば「age」「name」のように、変数が保持する値の意味を表す英単語を使って変数名を付けます。

◎ 代入

変数に値を入れることを**代入（だいにゅう）**といいます。例えば、変数 a に 10 という値を代入すると、変数 a は 10 という数値として扱うことができます。なお、変数の値は何度も書き換えることができます。

また、変数の中には**数値以外に文字列なども代入**できます。

・変数のイメージ

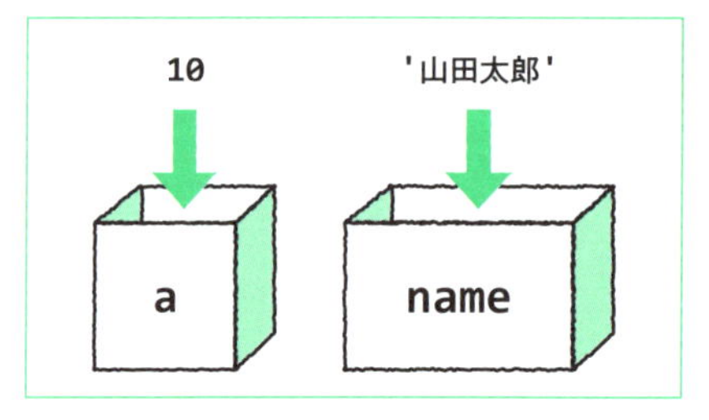

重要

変数には数値以外にも、文字列などのさまざまなデータを代入できます。

関数

プログラムを作成していると、何度も同じ計算式や処理が登場することがあります。そのたびに、同じステートメントを何度も記述するのは面倒ですので、**関数（かんすう）**を利用すると便利です。

関数とは、プログラム内で特定の処理をひとまとめにして名前を付けたものです。関数を作ることで、同じステートメントを何度も記述する必要がなくなり、プログラムが読みやすくなります。

また、関数を作ることを関数定義、関数を実行することを関数の呼び出しといいます。それ以外にも関数に関連する用語として、次のようなものがあります。

・関数に関連する用語

用語	説明
引数（ひきすう）	関数に渡す入力データ（省略することもある）
処理内容	関数内で行う操作や計算
戻り値（もどりち）	処理終了後に関数が返す値（省略することもある）

プログラミング言語には、あらかじめ関数が定義されており、**組み込み関数**と呼ばれます。それに対して、ユーザーが独自に定義する関数は、**ユーザー定義関数**と呼ばれます。ユーザー定義関数を作る場合、関数名が重複しないようにします。また、関数名はその関数の処理内容を表す英単語を使いましょう。

例えば、2 つの数値の平均を計算する関数を作ると仮定します。この場合、関数名は avg というように、関数の処理内容が想像しやすい名前を付けます。

● 関数のイメージ

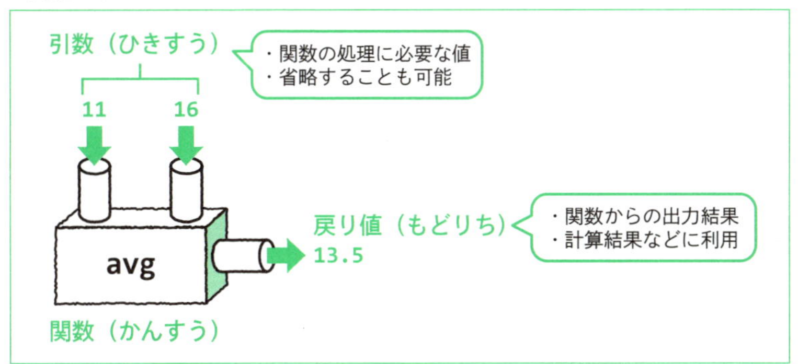

重要

・関数は一度定義されると何度でも利用できる
・関数の戻り値や引数は省略することもできる

1-3 オブジェクト指向

- オブジェクト指向の考え方を理解する
- メソッドとプロパティについて理解する
- クラスとオブジェクトについて理解する

オブジェクト指向とは何か

オブジェクト指向の「オブジェクト（object）」とは、英語で「もの」「物体」などを表す言葉で、データを現実世界のものに置き換える考え方です。本書で学ぶGoogle Apps Scriptは、オブジェクト指向の考え方を取り入れたプログラミング言語です。

例えば、私たちが自動車を運転する際、自動車内部の仕組みを理解する必要はありません。ただ、ブレーキやアクセルなどの操作方法だけを知っていれば、自動車を運転することができます。つまり、「自動車」というオブジェクトは、動作させる仕組みがすでに内部に組み込まれているため、仕組みを知る必要は一切なく「アクセルを踏む」「ハンドルを切る」といった適切な操作をすればよいことになります。

メソッドとプロパティ

オブジェクトには、操作にあたる**メソッド（method）**と呼ばれるものと、データにあたる**プロパティ（property）**と呼ばれるものがあります。自動車の例でいえば、「発進する」「停止する」などがメソッドで、「スピード」「走行距離」などがプロパティです。

オブジェクトとメソッドの関係は、「車（オブジェクト）が走る（メソッド）」といったように主語と動詞の関係に該当します。同様にオブジェクトとプロパティの関係は、「自動車（オブジェクト）のスピード（プロパティ）」といった所有の関係に該当します。

・メソッドとプロパティ

オブジェクト指向言語では、原則的にオブジェクトのメソッドを実行したり、プロパティの値を参照したり、変更したりするプログラムを記述します。

なお、オブジェクトのメソッドとプロパティを合わせて**メンバ（member）**という呼び方もあります。

◉クラスとオブジェクト

さきほどの例の自動車のように、同じ構造を持つオブジェクトを複数作るときがあります。そのときに利用するのが、**クラス（class）**です。**クラスはオブジェクトの設計図にあたり、クラスを定義すれば同じ構造を持つオブジェクトをいくつでも作る**ことができます。1つの設計図から自動車が大量生産されるように、オブジェクトもクラスを定義することにより、同じものを複数作ることができます。クラスをもとに生成したオブジェクトを**インスタンス（instance）**と呼びます。

・クラスとインスタンスの関係

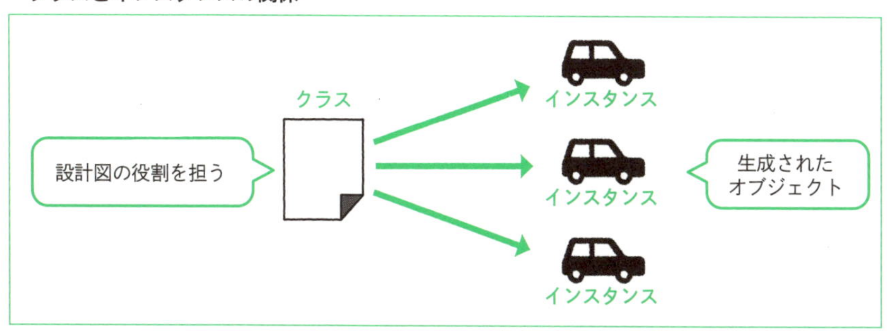

◉静的メンバ

自動車の場合、全インスタンスに車種やメーカーといった共通したプロパティがあります。そのようなプロパティはクラスに1つあれば十分です。同じクラス内で共有して使うプロパティを**静的プロパティ**といいます。これに対し、インスタンスのプロパティを**インスタンスプロパティ**といいます。

- 静的プロパティとインスタンスプロパティ

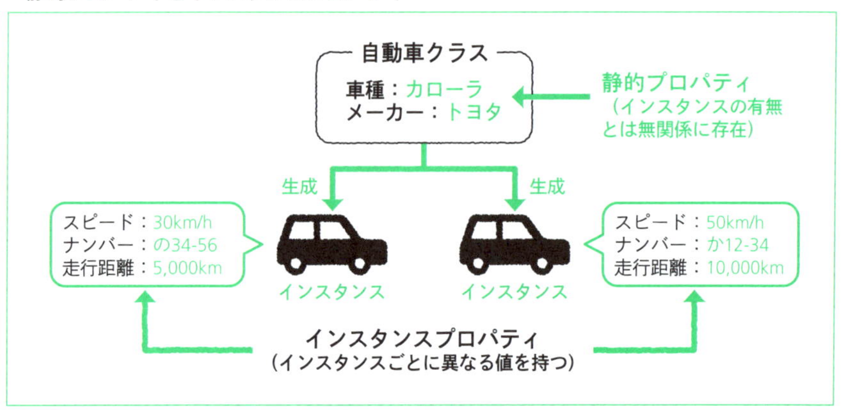

インスタンスプロパティは、インスタンスを生成しないと存在しませんが、**静的プロパティはクラスが定義されていれば、インスタンスが生成されなくても利用できます**。

このほかに、インスタンスを生成しなくても利用できるメソッドのことを**静的メソッド**といいます。静的メソッド､静的プロパティを合わせて**静的メンバ**といいます。

重要

静的メンバはインスタンスを生成しなくても使用できます。

2 GASの基本を理解する

- GAS とはどういう言語かを理解する
- GAS の開発環境の使い方を理解する

2-1 GAS の概要

- GAS の特徴を理解する
- スクリプトエディタの使い方を学ぶ
- 最初のスクリプトを作ってみる

GAS はどのようなプログラミング言語なのか

GAS とは、**Google Apps Script** の略で、Google によって提供されているプログラミング言語です。Google のクラウドサービスである Gmail や Google スプレッドシートを自動で操作するプログラムを作成できます。

例えば、毎日データを手動でスプレッドシートに記述する代わりに、GAS で自動的にデータを記述したり、特定の条件で自動的にメールを送信したりすることで、定型作業を自動化して効率よく仕事を進められます。

また、あらかじめ用意されたオンラインエディタで記述するので、Web ブラウザ上で開発できるメリットもあります。

◎ GASはスクリプト言語の一種

GAS は、**JavaScript（ジャバスクリプト）** という言語をベースに作られています。JavaScript は、**スクリプト言語**と呼ばれる簡易的なプログラミング言語の一種で、

GAS もスクリプト言語の一種です。さまざまな言語がある中で、スクリプト言語の一種である GAS は初心者でも比較的学習しやすいといえます。

プログラムは、プログラミング言語を使って記述されたソースコードと呼ばれるもので作られます。スクリプト言語の場合、一般的にはソースコードのことをスクリプト（script）と表現する傾向にあります。本書では特に注釈がない場合、ソースコードのことをスクリプトと表記します。

学習環境の前提

GAS を学習するにはどうすればよいのでしょうか？　GAS はインターネットがつながる環境、Web ブラウザ（本書では Google Chrome を使用します）、そしてフリー（無償利用）の Google アカウントがあれば、学習することができます。Google の有料のクラウドである Google Workspace を利用すると最高のパフォーマンスを発揮しますが、**本書では無料の環境で十分に学習可能です**。また本書では、主に表計算アプリである Google スプレッドシートを利用します。

GAS のスクリプトを作成する

GAS を学ぶコツは「習うより慣れろ」です。まずは、簡単なスクリプトを作成し実行して、GAS の概要について学んでいきましょう！

スプレッドシートの作成

最初にスプレッドシートを作成します。Google Chrome を起動し、Google のトップページでログイン状態にしたあとに、Google ドライブを開きます。

• Googleドライブを開く

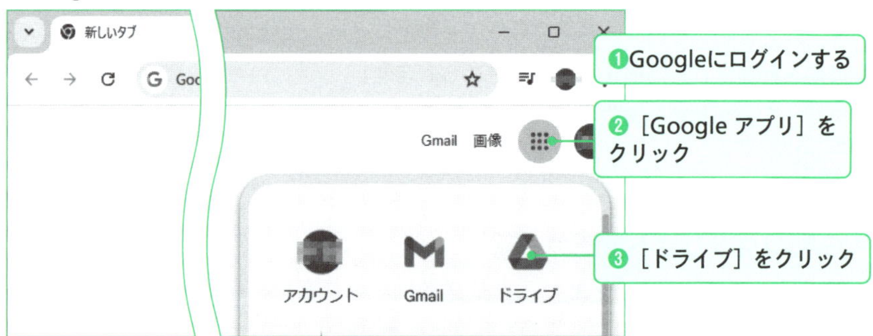

　画面左上にある［新規］をクリックすると、作成するファイルの種類が表示されるので、［Google スプレッドシート］をクリックします。

● スプレッドシートを作成する

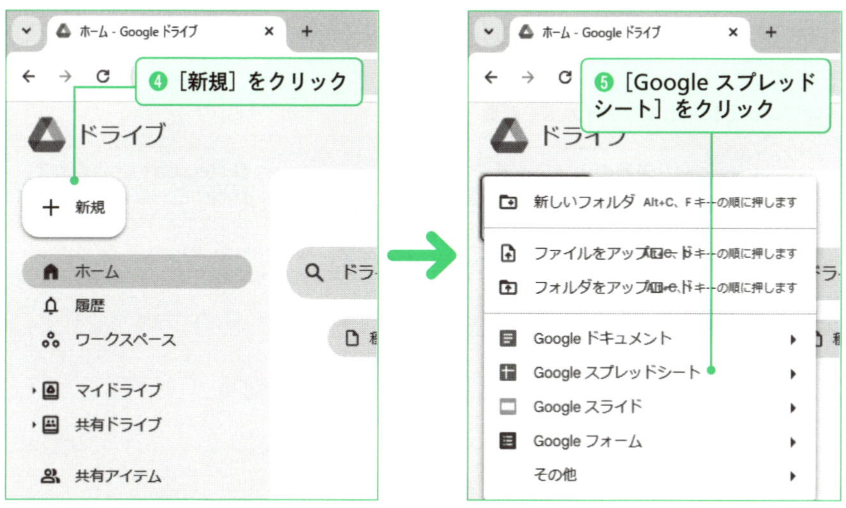

　新しいタブが開き、スプレッドシートが表示されます。

● スプレッドシートが表示される

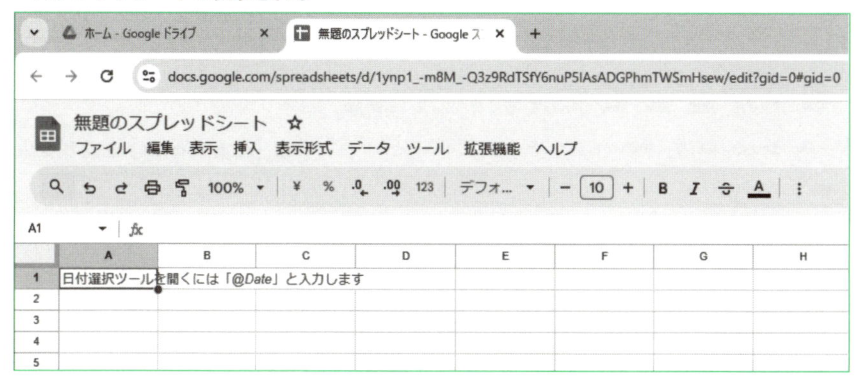

❻「スプレッドシート」が表示される

スプレッドシートの名前を変更する

以降の学習で、さまざまなスプレッドシートを作るため、管理しやすいファイル名に変更しましょう。画面左上の［無題のスプレッドシート］と表示されている部分をクリックすると、ファイル名の変更ができるようになります。「lesson1」と入力して、Enter キーを押します。

● スプレッドシートのファイル名を変更

スクリプトエディタを起動する

開発環境 Apps Script を使って、GAS のスクリプトを記述して実行します。

● スクリプトエディタを起動

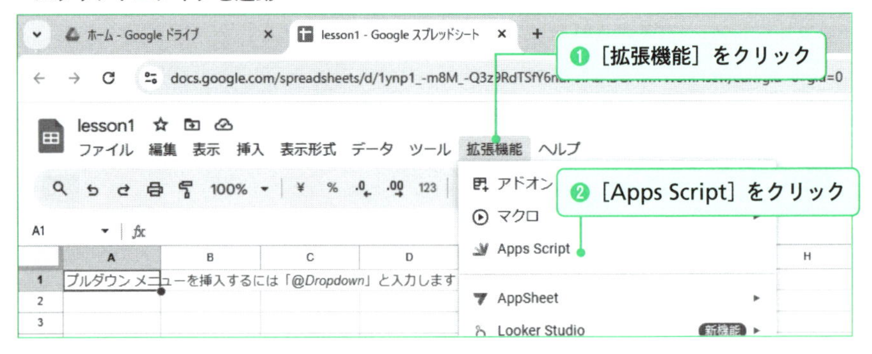

新しいタブが開き、スクリプトエディタが表示されます。

◎スクリプトエディタの画面構成

スクリプトエディタの画面を確認しておきましょう。

● スクリプトエディタ

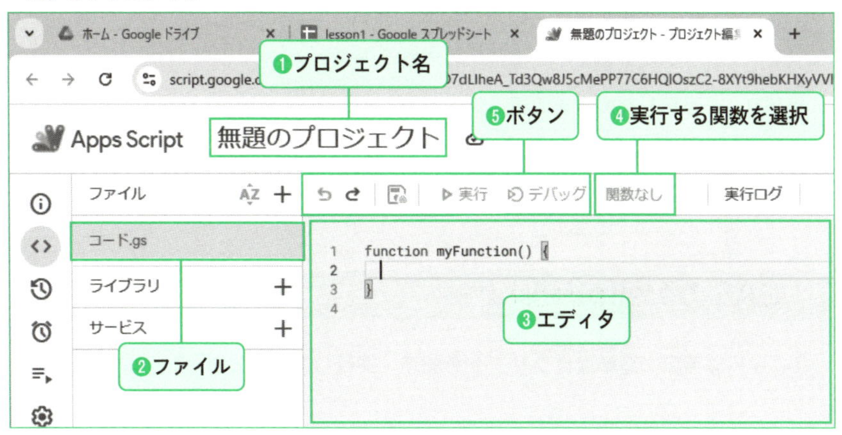

①プロジェクト名

初期状態では「無題のプロジェクト」という仮のタイトルが表示されています。必要に応じてプロジェクト名は変更しましょう。

②ファイル

スクリプトエディタで編集するファイルの一覧です。初期状態では「コード .gs」という名前のスクリプトファイルが 1 つ表示されています。必要があれば新しいファイルを追加したり、不要なファイルを削除したりできます。

③エディタ

スクリプトを記述する場所で、②で選択されているファイルの編集を行います。初期状態では「コード .gs」の編集を行えるようになっています。

④実行する関数を選択

実行する関数を選択します。

⑤ボタン

エディタのファイル編集に使用するボタンです。次の操作が可能です。

・ファイル編集に関するボタン

ボタン	説明
↷	コードの編集を元に戻す
↶	コードの編集をやり直す（[コードの編集を元に戻す］ボタンの処理を取り消す）
💾	ドライブにプロジェクトの内容を保存
▷ 実行	選択した関数を実行
デバッグ	選択した関数をデバッグ

GAS の HelloWorld

ここからは実際に簡単なスクリプトを記述・実行してみましょう。

◎スクリプトの記述

GAS のスクリプトは { } の間（2 行目）に記述します。はじめの一歩として、次のように記述してください。

sample1-1.gs

```
01 function myFunction() {
02   console.log('HelloGAS!');
03 }
```

・スクリプトを記述した状態

◉ スクリプトの保存と実行

スクリプトを記述したあとは、［保存］ボタン（💾）をクリックし、ファイルを保存します。ファイルを保存したあとは、［実行］ボタン（▷実行）をクリックして、スクリプトを実行します。

画面下に実行ログが表示され、「情報」の行に「HelloGAS!」という文字列が表示されます。

● スクリプトの実行結果

実行ログ

17:00:18	お知らせ	実行開始
17:00:15	情報	HelloGAS!
17:00:18	お知らせ	実行完了

おめでとうございます！　これであなたがはじめて記述したGASのスクリプトが無事に動作したことを確認できました！

◉ スクリプトに記述ミスがあった場合

スクリプトに記述ミスがあった場合、**エラー（Error）**が発生します。例えば、次のようにスクリプトが誤って記述されていたとします。

sample1-1.gs（誤りのあるスクリプト）

```
01 function myFunction() {
02   console.loge('HelloGAS!');
03 }
```

本来なら2行目で「console.log」と記述すべきですが、「console.loge」となっています。これはGASの文法上許されないことです。このスクリプトを保存し実行すると、次のようなエラーメッセージが表示されます。

- エラーメッセージ

実行ログ		
17:00:54	お知らせ	実行開始
17:00:54	エラー	TypeError: console.loge is not a function myFunction @ コード.gs:2

これは、スクリプトの2行目にエラーがあることを意味しています。2行目を元の状態に戻すと、エラーを発生させずに実行できます。

注意

スクリプト内にエラーがあると実行できません。

2-2 GAS のプロジェクト

- GAS のプロジェクトの概要について理解する
- スクリプトが動作する仕組みについて理解する
- GAS でアプリにアクセスする方法を学ぶ

GAS のスクリプトの種類

GAS のスクリプトは2種類あり、用途に応じて使い分けます。

●コンテナバインドスクリプト

コンテナバインドスクリプトとは、特定のスプレッドシート、ドキュメント、スライド、フォームなどの Google の**サービス**に関連付けられたスクリプトです。サービスとは、Google が提供するさまざまなアプリケーションや機能の総称のことです。P.24 で作成したサンプルは、スプレッドシードに関連付けられたコンテナバインドスクリプトとなります。

●スタンドアロンスクリプト

スタンドアロンスクリプトとは、特定の Google サービスとは関連付けられておらず、単独で動作可能なスクリプトです。例えば、複数のスプレッドシートやドキュメントを自動化したいときに利用できます。

GAS のプロジェクト

GAS は**プロジェクト**という単位で管理されています。プロジェクトは通常 1 つ、もしくは複数のスクリプトで構成されています。GAS のスクリプトは拡張子が「.gs」のファイルで構成されています。このほかに拡張子が「.html」となるファイル（Web サイトを構成するファイル）を追加することもできます。

GAS のスクリプトを記述するためには、新しいプロジェクトを作成する必要があります。P.20 で作成したスプレッドシートも、GAS を記述するにあたり、関連するプロジェクトが自動的に作成され、その中にあるスクリプトファイルに簡単な処理を記述しています。

• コンテナバインドスクリプトとスタンドアロンスクリプトのプロジェクト

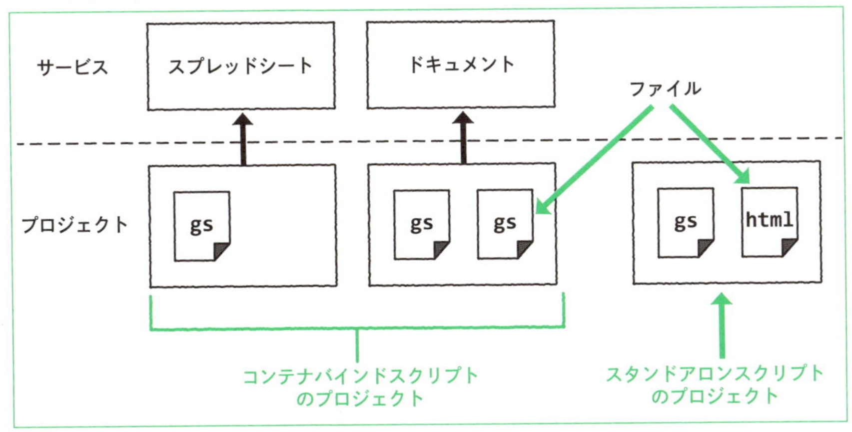

◉ プロジェクトの名前を変更する

GAS で新しいプロジェクトを作ると、自動的に「無題のプロジェクト」という名前が付けられます。このままでは、何のプロジェクトであるかがわかりにくいので、名前を変更しましょう。**[無題のプロジェクト]** と表示されている部分をクリックすると、プロジェクト名の変更ができるようになります。

● 変更前のプロジェクト名

今回は「day1」に変更してみましょう。「day1」と入力して、［名前を変更］をクリックします。

● プロジェクト名の変更

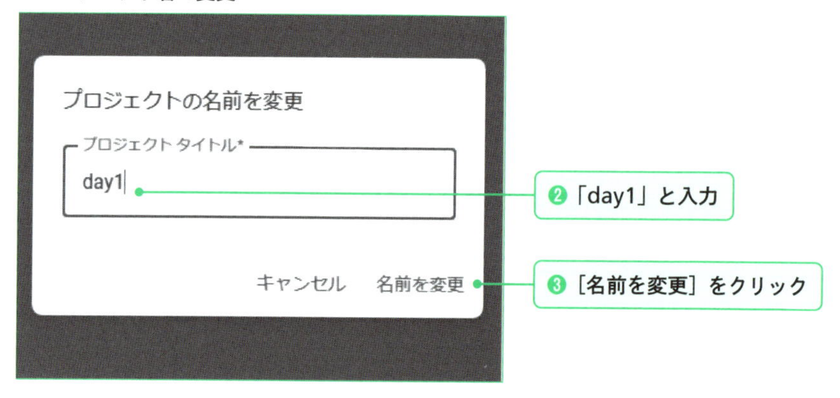

プロジェクト名が「day1」に変わります。

● プロジェクト名の変更完了

◎スクリプトのファイル名を変更する

プロジェクトの中にあるスクリプトファイルも、どのような処理を行うスクリプトなのかがわかるように名前を変更しましょう。変更したいスクリプトファイルの［⋮］をクリックして、［名前を変更］をクリックすると、スクリプトファイル名の変更ができるようになります。

● スクリプトファイルのファイル名

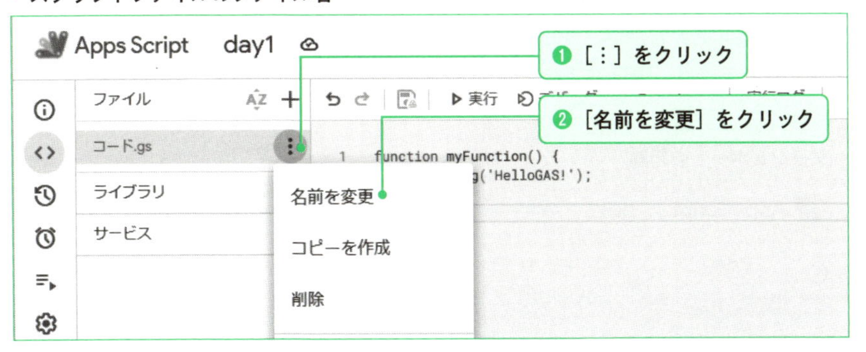

今回は「sample1-1」と変更してみましょう。「sample1-1」と入力し Enter キーを押します。

● スクリプトファイル名を変更する

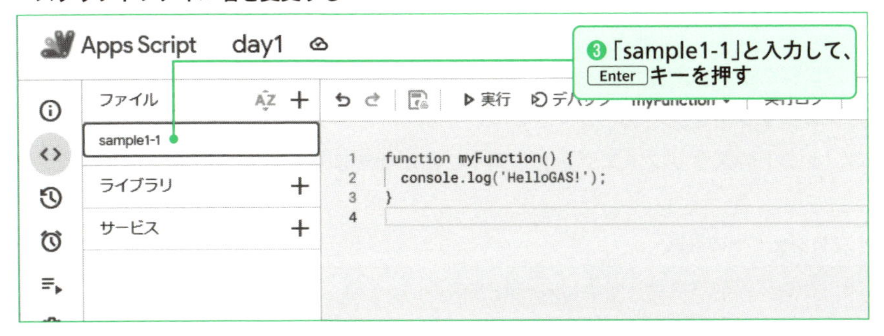

スクリプトファイル名が「sample1-1.gs」に変わります。

● ファイル名の変更完了

◉ Apps Scriptダッシュボード

プロジェクトの管理は「Apps Script ダッシュボード」で行います。ダッシュボードを起動するには、画面左上の［Apps Script］をクリックします。

● ダッシュボードの起動

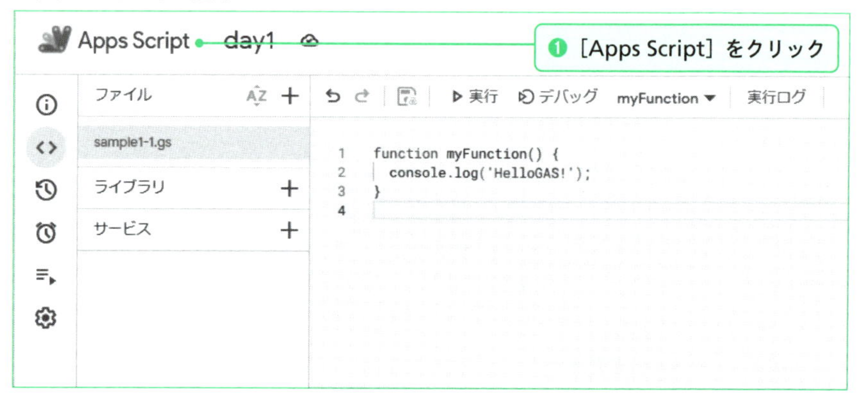

プロジェクトの一覧が表示されます。開きたいプロジェクトをクリックすると、そのプロジェクトを開くことができます。［day1］をクリックすると、再び「day1」プロジェクトのスクリプトエディタを開くことができます。

● プロジェクトの選択

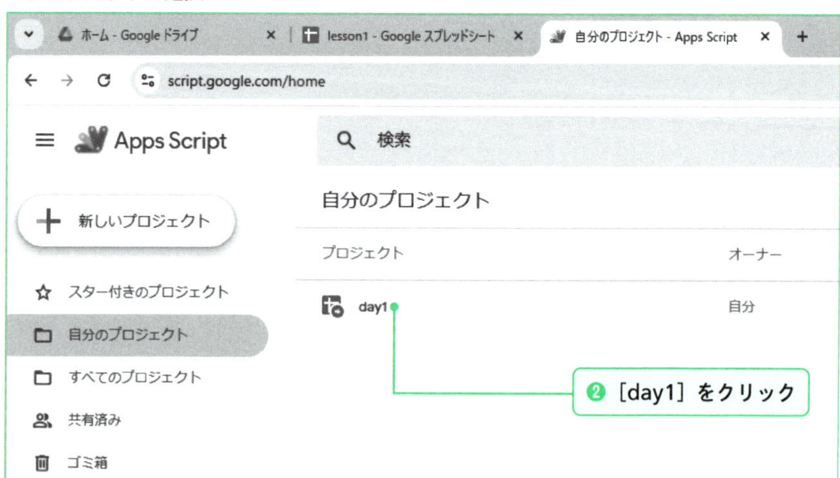

スクリプトが動作する仕組み

GAS では、スクリプトファイルの中に複数の関数を定義します。

- スクリプトファイルの構造

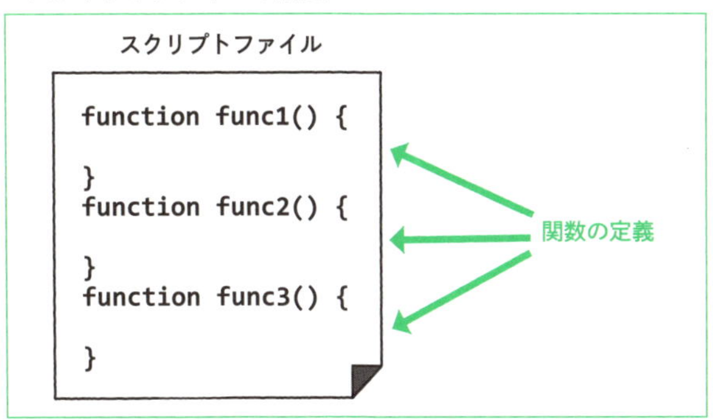

スクリプトエディタでは、実行する関数を選択し、[実行] ボタンをクリックすると、選択した関数が実行されます。

- 関数の実行方法

スクリプトファイルを作ると、自動的に処理が空の myFunction 関数が生成され、実行する関数として選択されます。[実行] ボタンをクリックすると、myFunction 関数が実行されます。

◉ 関数の定義を理解する

sample1-1.gs の内容をあらためて確認してみましょう。

［再掲］sample1-1.gs

```
01 function myFunction() {
02   console.log('HelloGAS!');
03 }
```

関数の処理は、{ } の間に記述します。{ } の間には、複数のステートメントを記述することが可能で、ステートメントの末尾には「; (セミコロン)」を付けます。ステートメントが複数行ある場合、基本的には上から下に向かって実行されます。

sample1-1.gs の myFunction 関数のステートメントは 1 つだけですので、このステートメントが実行されると関数が終了します。

◉ GASでオブジェクトを操作する

GAS ではオブジェクトからメソッドを呼び出したり、オブジェクトが持つプロパティにアクセスを行うスクリプトを記述したりします。オブジェクトを操作するときは、「オブジェクト名 .」に続けて、メンバ名を記述します。

メソッドを呼び出す書式は次のとおりです。

メソッドの書式

```
オブジェクト名.メソッド名(引数1,引数2,･･･);
```

( ) 内に記述された情報を**引数（ひきすう）**といい、オブジェクトを操作するために必要な追加情報として与えられるものです。必要とする引数の数や種類などは、メソッドの種類によって異なりますが、複数存在する場合には「,」（コンマ）で区切ります。

メソッドには引数を受け取らないものもあり、その場合の**引数は省略**されます。また、戻り値の有無もメソッドにより異なり、戻り値がある場合には、その戻り値を**適切に処理**する必要があります。

次はプロパティにアクセスする書式です。

- **プロパティの書式**

```
オブジェクト名.プロパティ名
```

プロパティはオブジェクトの持つ変数であり、値を参照したり、代入したりしてさまざまな処理を行います。

◉ consoleオブジェクト

sample1-1.gs の myFunction 関数は、console オブジェクトと log メソッドを利用しています。console オブジェクトは、コンソールにアクセスするためのオブジェクトです。log メソッドは、「console オブジェクトでアクセスしたコンソールにログを出力する」という処理で、出力するメッセージを引数として渡しています。

引数の内容は 'HelloGAS!' が記述されています。「'」で囲まれた部分は**文字列**と呼ばれるもので、'HelloGAS!' は「HelloGAS!」という文字列であることを表します。そのため、sample1-1.gs の myFunction 関数は、実行ログに「HelloGAS!」というメッセージを出力するという関数になるのです。

● consoleオブジェクトの処理

アプリにアクセスする関数を作る

P.24 では、実行ログに文字列を出力するスクリプトを作りました。ここではアプリにアクセスするスクリプトを記述してみましょう。

sample1-1.gs をすべて削除し、あらためて次のようなスクリプトを記述して保存してください。

[変更後] sample1-1.gs

```
01 function func1_1_1() {
02   console.log('HelloGAS!');
03 }
04
05 function func1_1_2() {
06   Browser.msgBox('HelloGAS!');
07 }
```

これにより sample1-1.gs は、「func1_1_1 関数」と「func1_1_2 関数」を持つスクリプトファイルに変わりました。選択中の関数名が「func1_1_1」に変わっていることが確認できます。

• 記述直後の状態

さらに選択中の関数をクリックすると、「func1_1_1」「func1_1_2」と選択できる関数が2つになっていることがわかります。［func1_1_2］をクリックして、実行してみましょう。

• func1_1_2関数を実行する

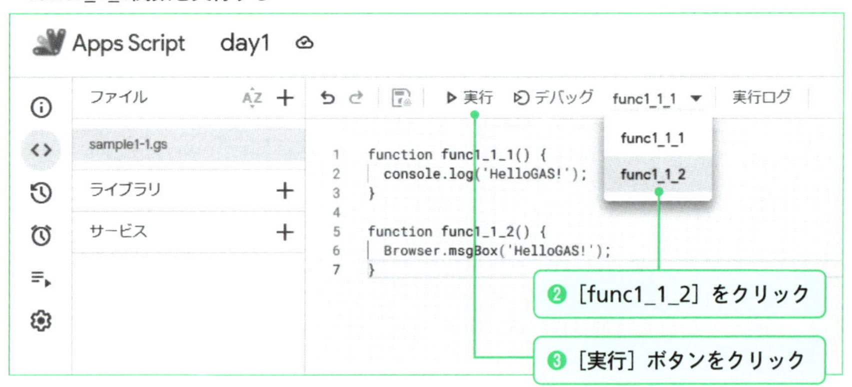

func1_1_2 関数を実行するためには、Google アカウントへのアクセスが必要です。そのため、次のようにアクセス権限の確認が求められるので、［権限を確認］をクリックします。

● 権限を確認

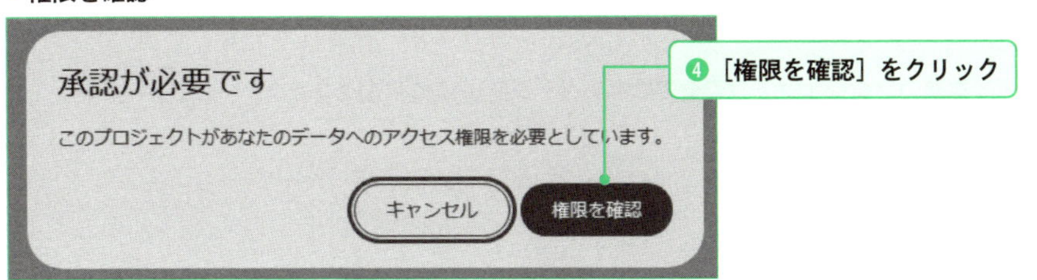

続いて P.20 でログインしたときと同じ Google アカウントを選択してください。

● Googleアカウントの選択

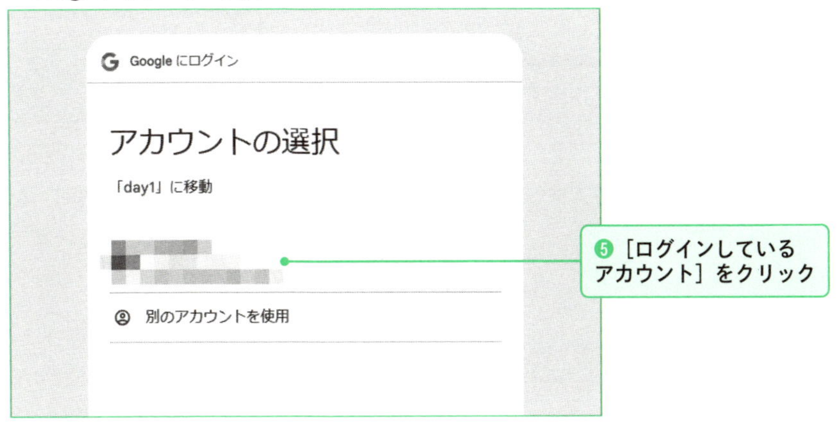

「このアプリは Google で確認されていません。」とメッセージが表示されるので、［詳細］をクリックします。

● ［詳細］を開く

次に［day1（安全ではないページ）に移動］をクリックします。

● 「無題のプロジェクト（安全ではないページ）に移動」をクリック

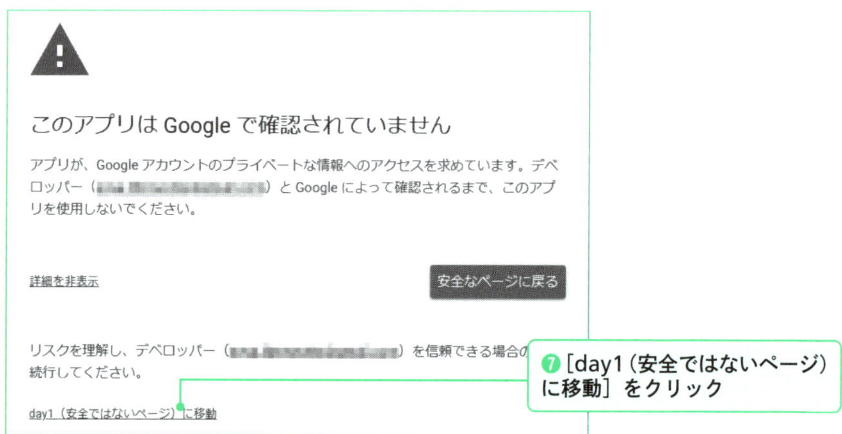

Google アカウントへのアクセス許可を設定する画面が表示されるので、［許可］をクリックします。

● アクセスの許可を設定

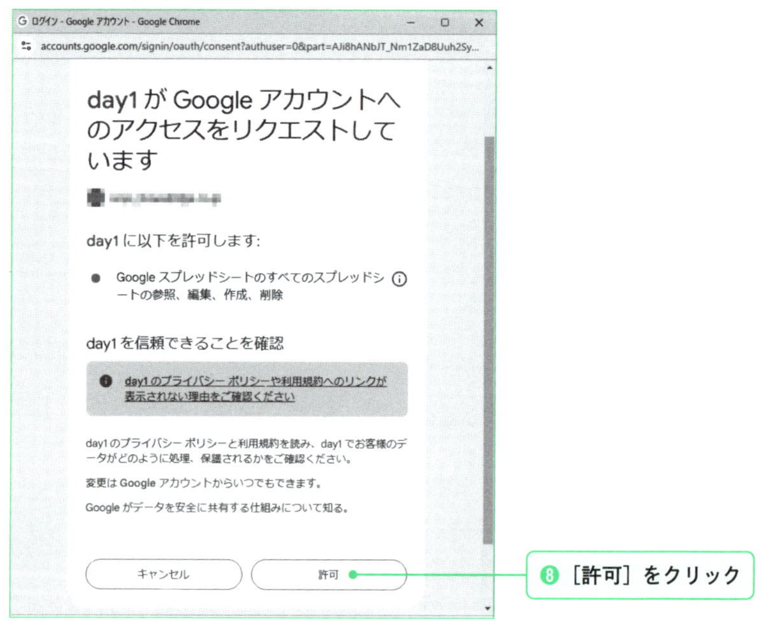

Google アカウントへのアクセスを許可することで、func1_1_2 関数が実行されます。スクリプトエディタ上では変化がありませんが、Web ブラウザのタブを「lesson1」のスプレッドシートに切り替えると、メッセージボックスに「HelloGAS!」と表示されます。［OK］をクリックすると、メッセージボックスが消えます。

● func1_1_2関数の実行結果

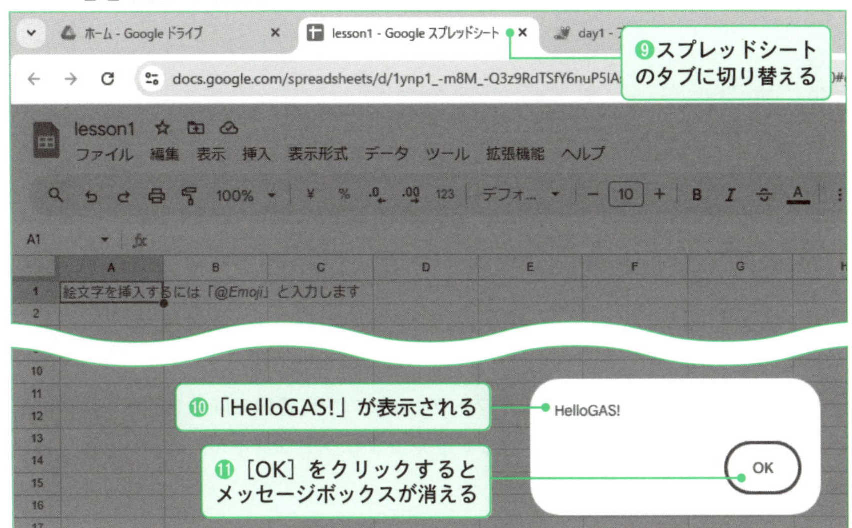

◎ func1_1_2関数の処理内容

func1_1_2 関数で使用した Browser クラスは、Google スプレッドシートのユーザーインターフェースで**簡易的なダイアログやアラートメッセージを表示**する機能を持ちます。Browser クラスの msgBox メソッドは、引数として文字列を受け取り、メッセージボックスに引数の文字列を表示させます。

◎ 実行の際に許可が必要になった理由

func1_1_2 関数を実行する際に権限の承認を求められたのは、**スプレッドシートに対する操作を行う**ためです。func1_1_1 関数で使用している console オブジェクトは、アプリに対するアクセスをしないため、スクリプトは許可を求められることはありません。

再度、func1_1_1 関数を実行すると、実行ログに「HelloGAS!」と表示されて処理が終了します。

• func1_1_1関数の実行結果

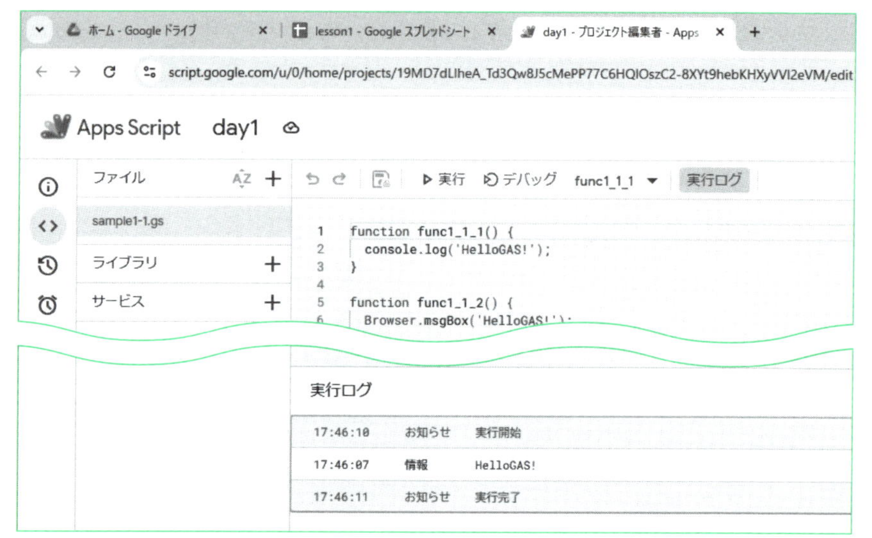

スクリプトエディタでは、スクリプトファイルの中に複数の関数を定義し、実行したい関数を切り替えることができます。またスクリプトファイルには、あとから関数を追加することも可能です。

注意 スプレッドシートなど、Google のサービスにアクセスを行うスクリプトは、初回実行時に実行許可の承認が必要です。

例題 1-1 ★☆☆

自分の名前をコンソールに出力する関数を作り実行しなさい。なお、作成する関数は sample1-1.gs の末尾に example1_1 という名前で追加しなさい。

解答例と解説

作成する関数は次のとおりです。

sample1-1.gs（example1_1 関数）

```
09 function example1_1() {
10   console.log('亀田健司');
11 }
```

実行結果

```
亀田健司
```

sample1-1.gs の末尾に example1_1 関数を記述し保存します。このあとに example1_1 関数を選択して実行してください。

● 関数の追加と実行

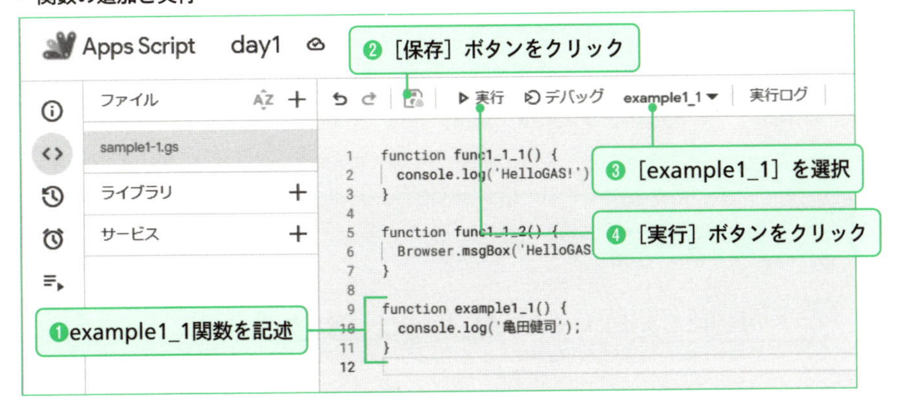

3 練習問題

正解は 272 ページ

 問題 1-1 ★☆☆ 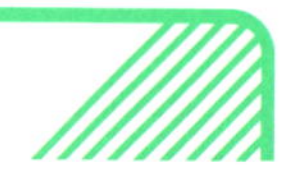

アルゴリズムの 3 大処理をすべて記述しなさい。

 問題 1-2 ★☆☆ 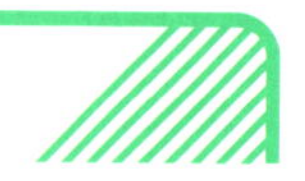

変数の説明として**間違っているものを 1 つ選びなさい**。

【解答群】

a：変数には名前を付けることができる
b：一度代入した値は何度でも変更することができる
c：数値以外の値を代入することはできない

 問題 1-3 ★☆☆ 

クラスの説明として正しいものを**次の中から 1 つ選びなさい**。

【解答群】

a：オブジェクトが持つ値
b：オブジェクトが実行する処理
c：同じオブジェクトを複数生成するために用いる設計図

2日目

演算と変数・スプレッドシートの操作

1 演算と変数

- GAS で演算をする方法について学ぶ
- 変数とデータ型について学ぶ
- さまざまな種類の演算処理を行う

1-1 データ型と演算

POINT

- データ型について学ぶ
- 演算とは何かを学ぶ

データ型と演算を学ぶための準備

学習を進めるための準備として、2 日目用の新しいスプレッドシートとプロジェクトを作りましょう。P.20 の手順を参考に、新規のスプレッドシートを作り、「lesson2」という名前に変更してください。

● 2日目用のスプレッドシートを作成

P.22の手順を参考に、スクリプトエディタを表示し、プロジェクトの名前を「day2」に変更してください。また、スクリプトのファイル名は「sample2-1」に変更しましょう。

● 2日目用のプロジェクトとスクリプト

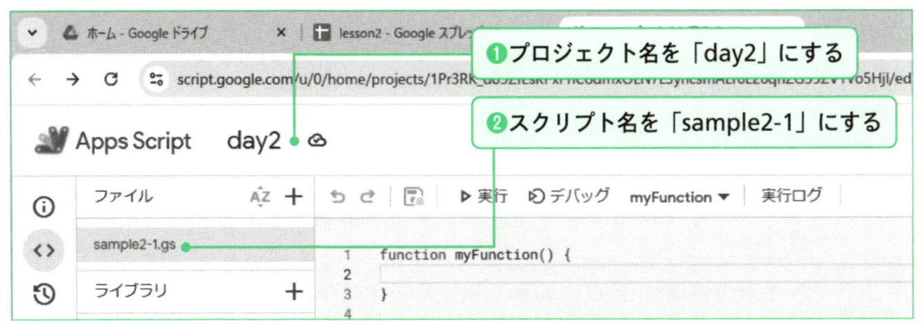

sample2-1.gsには、func2_1_1からfunc2_1_8までの8つの関数を定義していきます。関数を1つずつ追加と実行しながら学習を進めましょう。なお、関数を追加するときは、**関数と関数の間に何も記述されていない空白の行を入れるようにしてください**。

● 関数の選択と実行

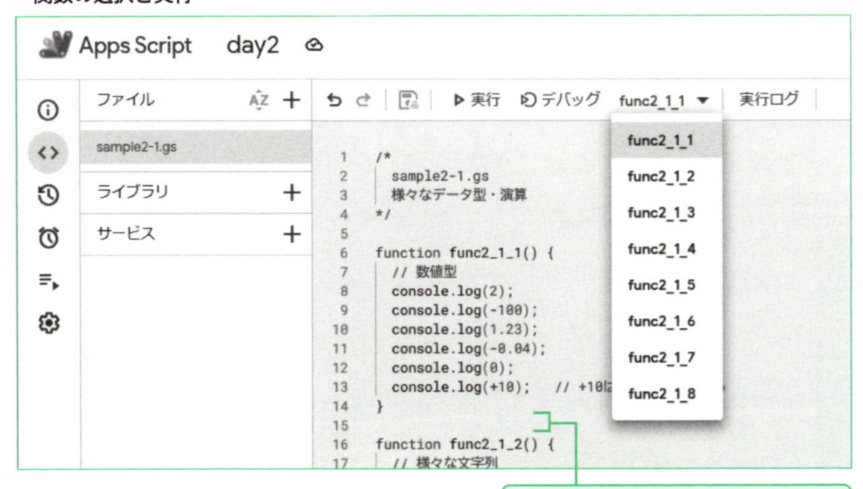

データ型

GAS では、さまざまな種類のデータを扱うことができます。データの種類を**データ型**といい、次のような型があります。

• GASの主なデータ型

名前	説明	例
数値（Number）	整数および浮動小数点数	10、-1、0.15、-13.6
文字列（String）	「"」または「'」もしくは「`」で全体を囲む	"Hello" 'World' `GAS`
論理値（Boolean）	true（真）またはfalse（偽）しか値がない型	true、false
null	値が存在しないことを示す特殊な型	null
undefined	未定義な値が存在することを示す特殊な型	undefined
配列（Array）	インデックスをキーとするデータの集合	[1, 2, 3, 4, 5] ["ABCD", 123, null]
オブジェクト（Object）	プロパティをキーとするデータの集合	{x:1, y:2, z:3} {name:'Taro', age:25}

これらのデータ型を使ったスクリプトを記述・実行していきましょう。

◎ 数値型

整数、実数は**数値型**というデータ型で扱います。正負の符号は「+」「-」で表しますが、「+」は通常省略されます。

sample2-1.gs に次の func2_1_1 関数を記述して実行してください。

sample2-1.gs（func2_1_1関数）

```
01 /*
02   sample2-1.gs
03   さまざまなデータ型・演算
04 */
05 
06 function func2_1_1() {
07   // 数値型
08   console.log(2);
09   console.log(-100);
10   console.log(1.23);
11   console.log(-0.04);
```

```
12    console.log(0);
13    console.log(+10);  // +10は10として扱われる
14  }
```

• **実行結果**

```
2
-100
1.23
-0.04
0
10
```

実行ログにconsole.logメソッドの引数にした数値型の値が表示されます。

お気付きの方がいるかもしれませんが、1～4行目と7行目に記述した内容は実行ログに表示されていません。スクリプト内の「//」「/* */」という記号と文章の組み合わせは、**コメント（comment）**といいます。コメントはスクリプトに注釈を付けるためのもので、実行結果には何ら影響を与えません。コメントには次のような種類があります。

• **GASのコメントの種類**

記述方法	名前	特徴
/* */	ブロックコメント	/*と、*/の間に囲まれた部分がコメントになる
//	行コメント	//よりあとの1行のみコメントになる

以降に記述する関数でも、適宜コメントを入れておきましょう。

重要

コメントはスクリプトの注釈を付けるためのもので、スクリプトの処理に影響を与えません。

◎ 文字列型

文字列型は文字の集合で、単語や文章を表すときに利用します。文字列型は**「'」（シングルクォーテーション）**、**「"」（ダブルクォーテーション）**、もしくは**「`」（バッククォート）**で囲います。なお、**数値でもいずれかの記号で囲えば文字列型**として扱われます。

func2_1_1関数のあとに空白行を入れて16行目にfunc2_1_2関数を追加し、実行してみましょう。

sample2-1.gs（func2_1_2関数）

```
16 function func2_1_2() {
17   // さまざまな文字列
18   console.log('Hello');
19   console.log("アイウエオ");
20   console.log(`ABCDEFG`);
21   console.log('12345');  // 数値でも'で囲えば文字列として扱われる
22 }
```

• 実行結果

```
Hello
アイウエオ
ABCDEFG
12345
```

数値も「'」、「"」、「`」で囲めば文字列として扱われます。

◎ 論理型

論理型はtrue（真）とfalse（偽）の2つの値しかないデータ型です。命題の正しさなどを表す際に利用します。

sample2-1.gs（func2_1_3関数）

```
24 function func2_1_3() {
25   console.log(true);   // 真
26   console.log(false);  // 偽
27 }
```

• 実行結果

```
true
false
```

◎ そのほかの型

そのほかの型として、nullやundefinedなどがあります。nullはデータが存在しない状態、undefinedは「未定義」という意味で「値」が定義されていない状態です。

sample2-1.gs（func2_1_4関数）

```
29 function func2_1_4() {
30   console.log(null);       // null型
31   console.log(undefined);  // undefined型
32 }
```

● 実行結果

```
null
undefined
```

エスケープシーケンス

エスケープシーケンスとは改行や「'」など、通常の文字列で扱えない特殊な文字を表示する文字列で、「\（バックスラッシュ）」と文字の組み合わせで作ります。エスケープシーケンスにはさまざまな種類があり、代表的なものは次のとおりです。

● 代表的なエスケープシーケンス

エスケープシーケンス	意味
\n	改行
\r	復帰
\f	改ページ
\'	シングルクォーテーション
\"	ダブルクォーテーション
\`	バッククォート
\\	バックスラッシュ
\0	NULL文字

func2_1_5 関数を追加し、実行してみましょう。

sample2-1.gs（func2_1_5関数）

```
34 function func2_1_5() {
35   console.log('Hello\nGAS!');  // 途中で改行が入る
36   console.log('\'Escape\'');   // 「'」の中に「'」が入る
37   console.log('\\');
38 }
```

● 実行結果

```
Hello
GAS!
'Escape'
\
```

「\n」は改行を意味し、文字列の途中で改行が行われます。「'」もエスケープシーケンスを使うことで、「'」で囲まれた文字列の中で使用できます。なお、「\」マーク自体を出力するには「\\」と記述する必要があります。

演算

演算（えんざん）とは、私たちが日常的に使う「計算」とほぼ同じ概念です。私たちが日常的に行う数値の計算のことをスクリプトでは、**算術演算（さんじゅつえんざん）**といいます。

また演算を行う際は、**演算子（えんざんし）**と呼ばれる記号を使います。特に算術演算の場合は、**算術演算子（さんじゅつえんざんし）**といいます。加算を表す演算子「+」と、減算を行う演算子「-」は算数の記号と同じですが、**乗算と除算は異なる記号を使うので注意**が必要です。

● GASの算術演算子

演算の種類	演算子	記述例
加算	+	5 + 3、1.2 + 4.3、10 + (-4)
演算	-	5 - 3、1.2 - 4.3、10 - (-4)
乗算	*	5 * 3、1.2 * 4.3、10 * (-4)
除算	/	5 / 3、1.2 / 4.3、10 / (-4)
剰余	%	5 % 3
べき乗	**	2 ** 3

算術演算を行うスクリプトを試してみましょう。func2_1_6 関数を入力し、実行してください。

sample2-1.gs (func2_1_6関数)

```
40 function func2_1_6() {
41   console.log(15 + 4);  // 加算
42   console.log(15 - 4);  // 減算
43   console.log(15 * 4);  // 乗算
44   console.log(15 / 4);  // 除算
45   console.log(15 % 3);  // 剰余
46   console.log(2 ** 3);  // べき乗
47   // ゼロによる割り算
48   console.log(15 / 0);
49 }
```

• 実行結果

```
19
11
60
3.75
0
8
Infinity
```

数学では0の割り算はできませんが、GASでは「Infinity」という値が得られます。しかし、好ましいことではないので、0の割り算を行わないように心がけましょう。

ゼロによる割り算を発生させないように気を付けましょう。

◎ 演算子の優先順位

数学の乗算と除算は、加算と減算より優先するルールがあります。これはGASでも同じです。「1 + 2 * 3」は「2 * 3」を先に計算し（①）、「1」と「6」を足して「7」を得ます（②）。

また「(1 + 2) * 3」の場合、括弧内を先に計算し（①）、「3」と結果の「3」を掛け「9」を得ます（②）。

• 演算子の優先順位

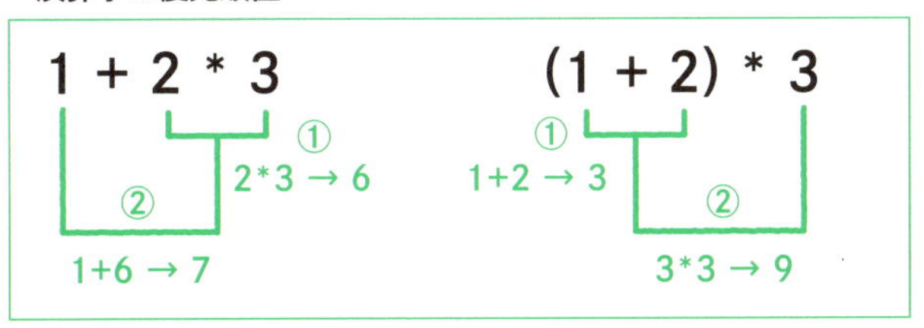

実際にスクリプトで試してみましょう。

sample2-1.gs（func2_1_7関数）

```
51 function func2_1_7() {
52   console.log(1 + 2 * 3);     // ()のない演算
53   console.log((1 + 2) * 3);   // ()のある演算
54 }
```

・実行結果

```
7
9
```

◎文字列と文字列・文字列と数値の連結

＋演算子は文字列と文字列、文字列と数値を連結するときにも使用できます。文字列と文字列、文字列と数値を連結するときは、新たに１つの文字列ができます。プログラミングの世界では、**文字列の連結も演算の一種**です。

・文字列と文字列・文字列と数値の連結による新しい文字列の生成

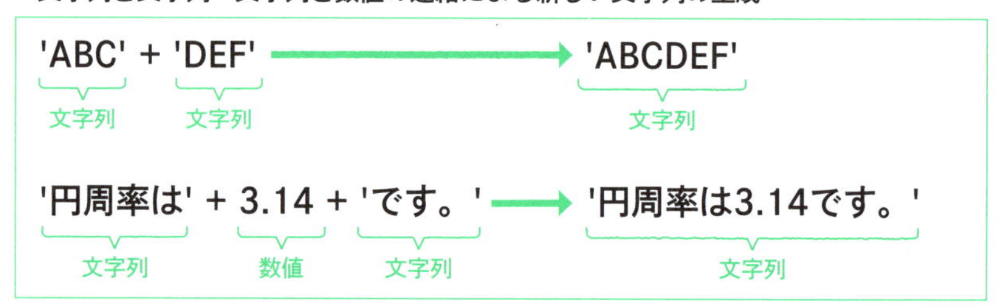

sample2-1.gs（func2_1_8関数）

```
56 function func2_1_8() {
57   console.log('ABC' + 'DEF');                  // 文字列と文字列の連結
58   console.log('円周率は' + 3.14 + 'です。');   // 文字列と数値の連結
59 }
```

・実行結果

```
ABCDEF
円周率は3.14です。
```

重要

文字列の連結は演算の一種です。

例題 2-1 ★☆☆

console.log を使って、次の数値の和と平均を計算し出力しなさい。なお、sample2-1.gs に example2_1 関数を追加して、処理を記述すること。

```
80、91、74
```

解答例と解説

3 つの数の和は、+ 演算子で計算し出力します。平均は 3 つの数値の和を 3 で割るため、3 つの数の和を求める式を ( ) で囲んでから 3 で割ります。

sample2-1.gs（example2_1関数）

```
61 function example2_1() {
62   // 3つの数の合計
63   console.log(80 + 91 + 74);
64   // 3つの数の平均
65   console.log((80 + 91 + 74) / 3);
66 }
```

- **実行結果**

```
245
81.66666666666667
```

これにより、合計が 245、平均が約 81.7 であることがわかります。

1-2 変数

POINT

- GAS で変数を使う方法について学ぶ
- 変数を使った演算の仕方を学ぶ

変数を学ぶための準備

ここでは、day2 プロジェクトに新しいスクリプトファイル「sample2-2.gs」を追加します。このファイルに関数を追加しながら、学習を進めていきましょう。

プロジェクト内の「ファイル」の右側にある［+］をクリックして、［スクリプト］と追加するファイルの種類をクリックします。

• ファイルの追加

新しいスクリプトファイルが追加されるので、ファイル名を「sample2-2」に変更します。

• ファイル名の変更

これで準備は完了しました。「sample2-1.gs」と同じく、複数の関数を追加していきます。関数を追加するときは、関数と関数の間に空白行を入れるようにしましょう。

また、再び「sample2-1.gs」の関数を実行したい場合は、スクリプトファイルの「sample2-1.gs」をクリックしてください。

変数

1日目（P.13）でも概要を説明しましたが、**変数とは数値や文字列などさまざまな値を入れるための器**です。変数には「num」「name」など、任意の英数字を組み合わせた名前を付けます。変数を利用するには変数の宣言が必要で、GASでは次のように行います。

● 変数の宣言の書式

```
let 変数名;
```

例えば、aという名前の変数を使いたいときは、「let a;」と宣言します。

● 変数の宣言

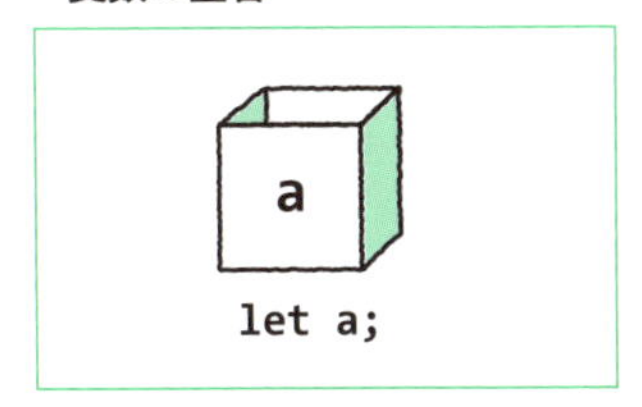

ただ、変数は宣言しただけでは中に何も入っていないため、何らかの値を入れる必要があります。変数に値を入れることを代入といい、次のように行います。

● 変数に値を代入する書式

```
変数名 = 値;
```

変数には、数値や文字列などさまざまな値を代入できます。例えば「a = 10;」とすると、変数aは数値「10」として扱うことができます。

- 変数に値を代入

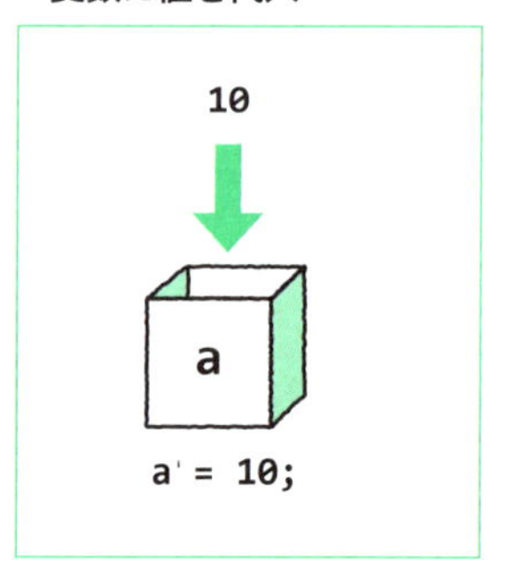

sample2-2.gsに、次のfunc2_2_1関数を記述し、変数の宣言と代入を試してみましょう。

sample2-2.gs（func2_2_1関数）

```
01 function func2_2_1() {
02   // 変数aの宣言
03   let a;
04   // 変数の値の代入
05   a = 10;
06   console.log('a=' + a);
07 }
```

- 実行結果

```
a=10
```

最初に変数aを宣言したあと、数値10を代入し、変数aの値を出力した結果「10」という値が出力されます。

重要

変数は宣言することで利用できるようになり、何度でも値を代入できます。

◎変数名のルール

GASでは変数名を自由に付けることができますが、どんな名前でもよいというわけではありません。次のようなルールが存在します。

(1) 使用可能な文字は 英数字、アンダーバー(_)、ドル記号($)

● **変数名の例**

```
num   enter2023   group_id   $score
```

(2) アルファベットの大文字と小文字は区別される

「name」と「NAME」は違う変数だと見なされます。

(3) 変数名の最初に数字の使用禁止

「num0」という変数名は使えますが「0num」という変数名は使えません。

(4) 予約語の使用禁止

予約語(よやくご)とは、あらかじめ使用方法が決められている単語のことです。

● **予約語の例**

```
for、function、if、new、while
```

◎ 変数の値の変更

変数の値を変更する処理について学んでみましょう。次の func2_2_2 関数を記述して、実行してください。

sample2-2.gs (func2_2_2関数)

```
09 function func2_2_2() {
10   // 変数の宣言と初期化を同時に行う
11   let a = 1;
12   console.log('a=' + a);
13   // 変数aの値を変更する(数値)
14   a = 10;
15   console.log('a=' + a);
16   // 変数aの値を変更する(文字列)
17   a = 'Hello';
18   console.log('a=' + a);
19 }
```

● **実行結果**

```
a=1
a=10
a=Hello
```

最初に変数 a を宣言すると同時に値を代入しています。

- **変数の宣言と代入**

```
let a = 1;
```

このように**変数の宣言と値の代入を同時に行う**ことが可能です。これを**初期化（しょきか）**といいます。また、この変数 a の値は 1、10、'Hello' と値が変わります。このように**型の異なる値を同一の変数に代入**しても問題ありません。

変数と演算

変数を使ってさまざまな演算を行ってみましょう。まずは数値が入った変数を使った演算です。

sample2-2.gs（func2_2_3関数）

```
21 function func2_2_3() {
22   let n1 = 5;
23   let n2 = 3;
24   let ans = n1 + n2;
25   console.log(ans);
26 }
```

- **実行結果**

```
8
```

変数 n1 に 5、変数 n2 に 3 を代入したあと、「n1 + n2」の演算結果を変数 ans に代入し、変数 ans を出力しています。このように変数は演算に使ったり、演算結果を代入したりすることが可能です。

◉ 文字列の連結

変数を使って文字列を連結することも可能です。次の func2_2_4 関数では、変数 s1 に「Google」、変数 s2 に「AppsScript」という文字列を代入し、さらに「s1 + s2」の演算結果を変数 s に代入し、変数 s を出力しています。文字列の場合、+ 演算子は文字列同士を連結します。

sample2-2.gs（func2_2_4関数）

```
28 function func2_2_4() {
29   let s1 = 'Google';
30   let s2 = 'AppsScript';
31   let s = s1 + s2;
32   console.log(s);
33 }
```

• 実行結果

```
GoogleAppsScript
```

◎ 複合代入演算

演算と変数への代入を同時に行う、**複合代入演算（ふくごうだいにゅうえんざん）**について学びましょう。まずは次の func2_2_5 関数を記述して、実行してください。

sample2-2.gs（func2_2_5関数）

```
35 function func2_2_5() {
36   let n = 5;
37   n = n + 2;
38   console.log(n);
39 }
```

• 実行結果

```
7
```

処理の流れを確認してみましょう。最初に変数 n を宣言し初期値である 5 を代入します（①）。

次に「n = n + 2;」で、変数 n の値に数値 2 を足した結果を再び変数 n に代入しています。これにより数値 7 が変数 n に代入されます（②）。

• 「n = n + 2;」の処理

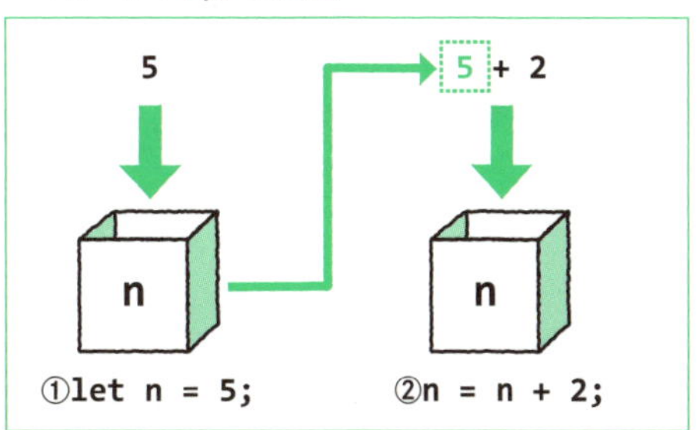

このfunc2_2_5関数の処理は、次のように書き換えることができます。

sample2-2.gs（func2_2_6関数）

```
41 function func2_2_6() {
42   let n = 5;
43   n += 2;
44   console.log(n);
45 }
```

- 実行結果

```
7
```

「n += 2;」は「n = n + 2;」と同じ働きで、「変数nの値に2を足す」という意味です。同様に「n -= 3;」は「変数nから3を引く」という意味になります。

このように、代入と演算を同時に行う演算のことを複合代入演算といい、「+=」「-=」といった演算子を**複合代入演算子**といいます。

また、「+=」は文字列の演算にも使用でき、文字列に新しい文字列を追加する働きになります。

- 主な複合代入演算子

演算子	意味	使用例
+=	左辺と右辺の値を加算した結果を代入	n += 5;
-=	左辺と右辺の値を減算した結果を代入	n -= 2;
*=	左辺と右辺の値を乗算した結果を代入	n *= 3;
/=	左辺と右辺の値を除算した結果を代入	n /= 4;
%=	左辺と右辺の値を剰余の演算結果を代入	n %= 4;
**=	左辺と右辺の値をべき乗した結果を代入	n **= 2;

◎インクリメントとデクリメント

変数に1を足す場合と、変数から1を引く場合、さらに記述を簡素化できます。

sample2-2.gs（func2_2_7関数）

```
47 function func2_2_7() {
48   let n = 5;
49   n++;  // インクリメント（値を1足す）
50   console.log(n);
51 }
```

- **実行結果**

```
6
```

「n++;」は「n = n + 1;」と同じで、**変数 n に 1 を足す**処理です。このように数値に 1 を足す処理を**インクリメント（increment）**といいます。「++n;」と記述しても同じ意味になります。

同様に「n--;」または「--n;」で、変数 n の値から 1 を引くことができます。この処理を**デクリメント（decrement）**といいます。

◎ 定数

GAS にはあとから値を変更できない変数があります。次の func2_2_8 関数を実行すると、エラーが発生します。

sample2-2.gs（func2_2_8関数）

```
53 function func2_2_8() {
54   const num = 5;  // 定数
55   console.log(num);
56   num = 10;       // 定数の値を変更しようとするとエラーになる
57 }
```

- **実行結果**

実行ログ

18:24:14	お知らせ	実行開始
18:24:11	情報	5
18:24:14	エラー	TypeError: Assignment to constant variable. func2_2_8 @ sample2-2.gs:56

54 行目で変数 num に数値 5 を代入しています。しかし、56 行目の「num = 10;」を実行しようとするとエラーになります。なぜエラーになるのでしょうか？　理由は変数を宣言する際に**「let」ではなく「const」を使用している**ためです。「const」を使って宣言した変数は、宣言と同時に代入したあとに値を変更できません。このようなあとから値を変更できない変数を**定数（ていすう）**といいます。

- **定数の定義**

```
const 定数の名前 = 値;
```

注意

- constで宣言した変数は定数として扱われる
- 定数は初期化以降に値を代入することができない

文字列が持つメソッドとプロパティ

GASでは文字列もオブジェクトの一種として扱われるため、メソッドやプロパティを持ちます。次のfunc2_2_9関数を記述して、実行してみましょう。

sample2-2.gs（func2_2_9関数）

```
59 function func2_2_9() {
60   let s1 = 'Hello';
61   let s2 = s1.toUpperCase(); // アルファベット大文字に変換
62   let length = s1.length     // 文字列の長さを取得
63   console.log('元の単語:' + s1);
64   console.log('大文字に変換:' + s2);
65   console.log('文字列の長さ:' + length);
66 }
```

• 実行結果

```
元の単語:Hello
大文字に変換:HELLO
文字列の長さ:5
```

変数に代入されている文字列は、**文字列のオブジェクトとして扱う**ことができます。変数s1に代入されている「Hello」に対し、文字列オブジェクトのメソッドの呼び出しや、プロパティへのアクセスが可能です。

◎文字列オブジェクトが持つメソッド

toUpperCaseメソッドは、文字列内のアルファベットを大文字に変換するメソッドです。引数は不要で、戻り値として大文字に変換後の文字列を返します。そのため70行目の処理で、「Hello」が「HELLO」に変換された結果が戻り値として返され、変数s2に代入されます。

このほかにも文字列オブジェクトには次のようなメソッドがあります。

● 文字列オブジェクトの主なメソッド

メソッド名	説明	引数	戻り値
toUpperCase	アルファベットを大文字に変換	なし	変換後の文字列
toLowerCase	アルファベットを小文字に変換	なし	変換後の文字列
trim	文字列の両端の空白を削除	なし	変換後の文字列
charAt	インデックスの位置にある文字を取得	番号（0からはじまる）	文字

◎ 文字列のプロパティ

文字列には length という文字列の長さを取得するためのプロパティが存在します。'Hello' という文字列の長さは 5 なので、length プロパティの値は 5 となります。length プロパティの値は、変数 length に代入されています。

● 文字列オブジェクトのメソッド・プロパティ

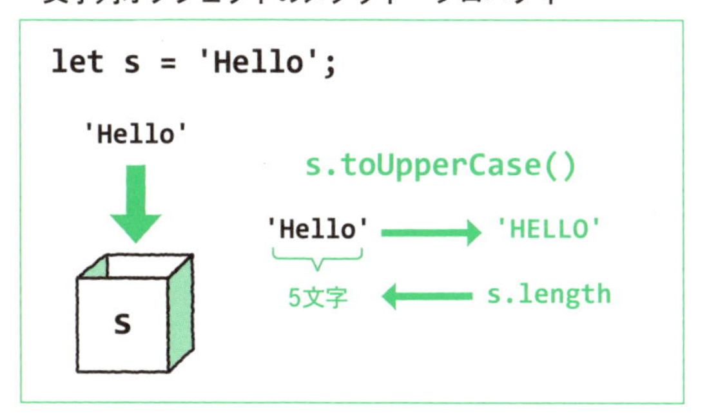

例題 2-2 ★☆☆

sample2-2.gs に、次の処理をする example2_2 関数を追加しなさい。

(1) 次の変数を用意し、指定された値を代入する

変数名	代入する値
english	80
japanese	91
math	74

(2) 変数 sum を宣言し、(1) の 3 つの変数の和を代入する

(3) 変数 avg を宣言し、(1) の 3 つの変数の平均値を代入する

(4) 変数 sum、svg の値を console.log で出力する

解答例と解説

変数 english、japanese、math を宣言すると同時に値を代入します。sum にはこれらの合計を代入し、avg は sum を 3 で割ることによって得られます。

sample2-2.gs (example2_2関数)

```
68 function example2_2() {
69   // english,japanese,mathの宣言と値の代入
70   let english = 80;
71   let japanese = 91;
72   let math = 74;
73   // 3つの数の合計
74   let sum = english + japanese + math;
75   // 3つの数の平均
76   let avg = sum / 3;
77   // 結果の出力
78   console.log(sum);
79   console.log(avg);
80 }
```

• 実行結果

```
245
81.66666666666667
```

2 スプレッドシートへのアクセス

- SpreadSheet サービスの概要を理解する
- GAS を使ってスプレッドシートへアクセスする
- GAS を使ってスプレッドシートでさまざまな処理をする

2-1 GAS によるスプレッドシートの操作

POINT

- SpreadSheet サービスの概要
- アクティブなシートを取得して操作する
- 指定した範囲のセルを取得して操作する

スプレッドシートへのアクセス

GAS の基本的な文法を学んだところで、ここからはスプレッドシートへのアクセスについて学んでいきます。「sample2-3.gs」という名前で新しいファイルを用意し、学習を進めていきましょう。

◉ SpreadSheetサービス

スプレッドシートの操作は、**SpreadSheet サービス**を使って行います。SpreadSheet サービスは、スプレッドシートを操作するためのオブジェクトやクラス、およびそれらのメンバを提供します。SpreadSheet サービスでよく使われるオブジェクトやクラスとして、次のようなものがあります。

- SpreadSheetサービスの主なオブジェクトとクラス

クラス	概要
SpreadsheetApp	SpreadSheetサービスのトップレベルのオブジェクト
Spreadsheet	スプレッドシートを操作する機能を提供するクラス
Sheet	シートを操作する機能を提供するクラス
Range	セルの範囲を操作する機能を提供するクラス

SpreadSheetサービスの各クラスは、SpreadsheetApp→Spreadsheet→Sheet→Rangeという階層構造になっています。各クラスには、それぞれのオブジェクトを操作するためのメンバが用意されています。

- スプレッドシート画面とSpreadSheetサービスのクラスの対応関係

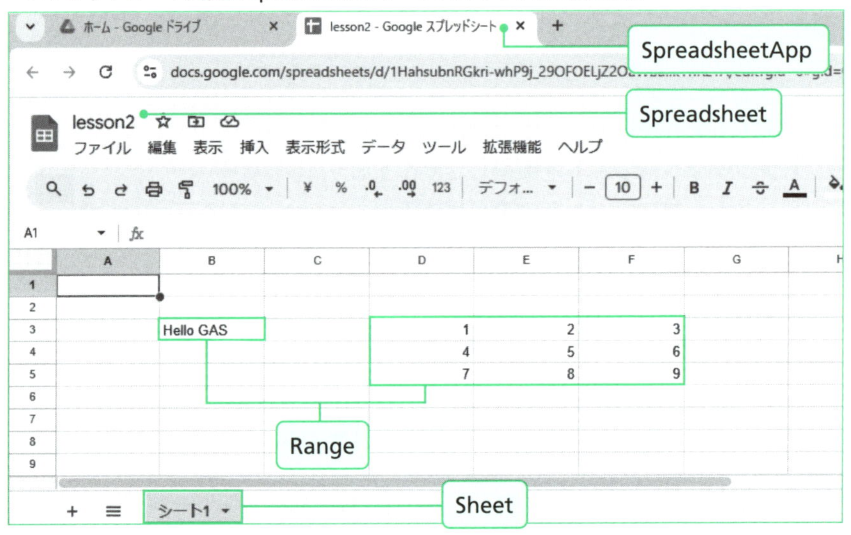

◎アクティブなスプレッドシートを取得する

最初にスプレッドシートのオブジェクトを取得する方法を紹介します。もっとも簡単な方法は、アクティブなスプレッドシートのオブジェクトを取得することです。**アクティブなスプレッドシートとは、現在開いているスプレッドシートを指します**。

アクティブなスプレッドシートを取得するには、**SpreadsheetApp**クラスの**getActiveSpreadsheet**メソッドを使います。次のfunc2_3_1関数はアクティブなスプレッドシートを取得し、取得したスプレッドシートの名前を出力します。

sample2-3.gs（func2_3_1関数）

```
01 function func2_3_1() {
02   // アクティブなスプレッドシートを取得する
03   let spreadSheet = SpreadsheetApp.getActiveSpreadsheet();
04   // 取得したスプレッドシートの名前を出力する
05   console.log(spreadSheet.getName());
06 }
```

• **実行結果**

```
lesson2
```

取得したスプレッドシートは変数spreadSheetに代入され、メソッドを呼び出すことで操作できます。

getNameメソッドは、スプレッドシートの名前を取得するメソッドです。現在開いているスプレッドシートは、「lesson2」という名前なので、「lesson2」という文字列が得られました。

◎ID・URLでスプレッドシートを取得する

ほかにもIDとURLでスプレッドシートを取得することができます。スプレッドシートだけではなくほとんどのGoogleのアプリケーションには、開くために一意のURLが割り振られています。スプレッドシートの場合、URLは次のような構造になっています。

• **スプレッドシートのURLの構造**

```
https://docs.google.com/spreadsheets/d/{ID}/edit?gid=0#gid=0
```

個々のスプレッドシートには、固有のIDが割り振られており、重複することはありません。URLの{ID}の部分には、スプレッドシートごとの固有のIDが入ります。

• **スプレッドシートのID**

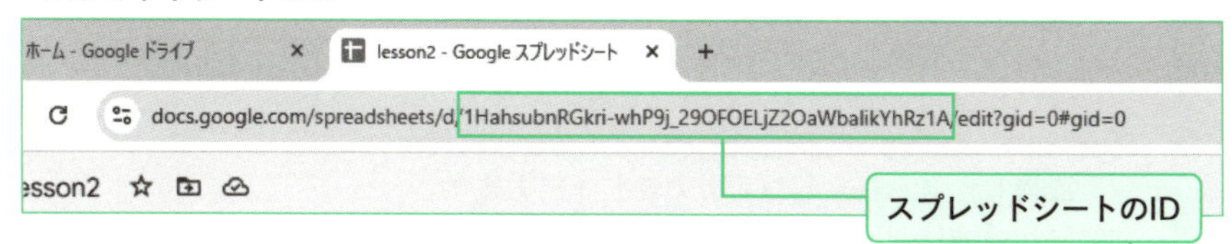

SpreadsheetクラスのopenByIdメソッドの引数にこのIDを指定することで、Spreadsheetオブジェクトを取得できます。

- openByIdメソッドでSpreadSheetを取得

```
SpreadsheetApp.openById(id)
```

また、URLをもとにスプレッドシートを取得する場合、OpenByUrlメソッドを使います。

- openByUrlメソッドでSpreadSheetを取得

```
SpreadsheetApp.OpenByUrl(url)
```

実際に、openByIdメソッドとopenByUrlメソッドを使ってみましょう。P.42で作成した「lesson2」のスプレッドシートのIDとURLを確認し、次のfunc2_3_2関数でIDを書き換えてください。

sample2-3.gs（func2_3_2関数）

```
08 function func2_3_2() {
09   // スプレッドシートのid
10   let id = '取得したID';  ← スプレッドシートのIDに書き換える
11   // idでスプレッドシートを取得する
12   let spreadSheet = SpreadsheetApp.openById(id);
13   // 取得したスプレッドシートの名前を出力する
14   console.log('IDで取得:' + spreadSheet.getName());
15 }
```

- 実行結果

```
IDで取得:lesson2
```

次のfunc2_3_3関数では、URLを書き換えてください。

sample2-3.gs（func2_3_3関数）

```
17 function func2_3_3() {
18   // スプレッドシートのurl
19   let url = '取得したURL';  ← スプレッドシートのURLに書き換える
20   // URLでスプレッドシートを取得する
21   let spreadSheet = SpreadsheetApp.openByUrl(url);
22   // 取得したスプレッドシートの名前を出力する
23   console.log('URLで取得:' + spreadSheet.getName());
24 }
```

- 実行結果

```
URLで取得:lesson2
```

アクティブなスプレッドシートの操作

スプレッドシート内にあるシートの操作を行っていきましょう。まずは「lesson2」のスプレッドシートの「シート 1」に対して、(B3:C6) の範囲に次のような内容を入力してください。

• シートへの記述内容

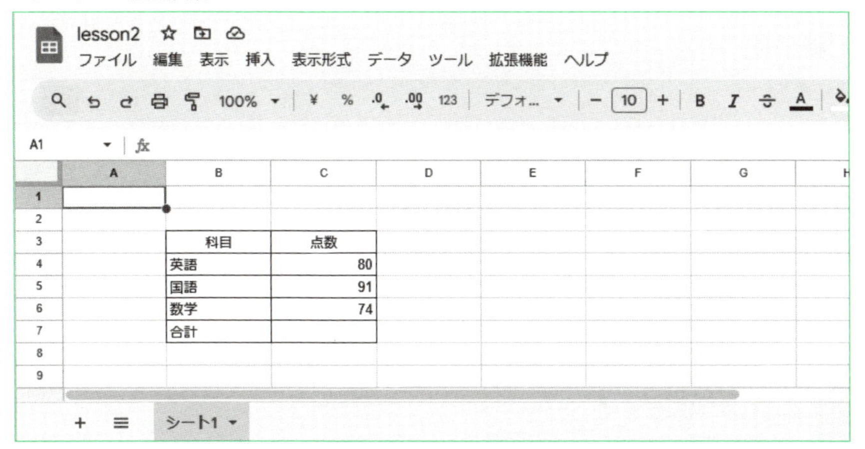

アクティブなシートを取得する

まずはアクティブなシートの名前を取得しましょう。1 つのスプレッドシートに対して複数のシートを追加できますが、その中の開いているシートを**アクティブなシート**といいます。

次の func2_3_4 関数では、Spreadsheet クラスの getActiveSheet メソッドでアクティブなシートを取得し、取得したシートを変数 sheet に代入しています。シートは Sheet クラスのインスタンスなので、getName メソッドを呼び出すと、シートの名前を取得できます。func2_3_4 関数を実行すると、開いているシート名の「シート 1」が出力されます。

sample2-3.gs (func2_3_4関数)

```
26 function func2_3_4() {
27   // アクティブなスプレッドシートを取得する
28   let spreadSheet = SpreadsheetApp.getActiveSpreadsheet();
29   // アクティブなシートを取得する
30   let sheet = spreadSheet.getActiveSheet();
31   // 取得したシートの名前を出力する
32   console.log(sheet.getName());
33 }
```

- **実行結果**

```
シート1
```

セルの値の取得と設定

次はセルに対する操作を学びましょう。

スプレッドシート「lesson2」の「シート1」がアクティブな状態で、次のfunc2_3_5関数を入力・実行してください。

sample2-3.gs (func2_3_5関数)

```
35 function func2_3_5() {
36   // アクティブなシートを取得する
37   let sheet = SpreadsheetApp.getActiveSpreadsheet().getActiveSheet();
38   // B4の値を取得する
39   let value = sheet.getRange('B4').getValue();
40   console.log('B4の値:' + value);
41   // B6の値を変更する
42   sheet.getRange('B6').setValue('算数');
43 }
```

実行するとセルB4の値を取得し、その値である「英語」を実行ログに出力しています。また、スプレッドシートのシート1を見ると、「数学」と入力していたセルB6が、「算数」に変わっていることがわかります。

- **実行結果**

```
B4の値:英語
```

● 実行後のスプレッドシートの内容

	A	B	C
1			
2			
3		科目	点数
4		英語	80
5		国語	91
6		算数	74
7		合計	
8			
9			

数学から算数に変更される

＋ ≡ シート1 ▾

それでは func2_3_5 関数の処理を確認していきましょう。

◉ メソッドチェーン

アクティブなシートのオブジェクトは、次の方法で取得します。

● シートのオブジェクトの取得

```
let sheet = SpreadsheetApp.getActiveSpreadsheet().getActiveSheet();
```

「SpreadsheetApp.getActiveSpreadsheet()」のあとに、直接「getActiveSheet()」と記述しています。メソッドを続けて処理する手法を**メソッドチェーン（method chain）**といい、プログラミングを効率的に行う手法としてよく使われます。

● メソッドチェーンのイメージ

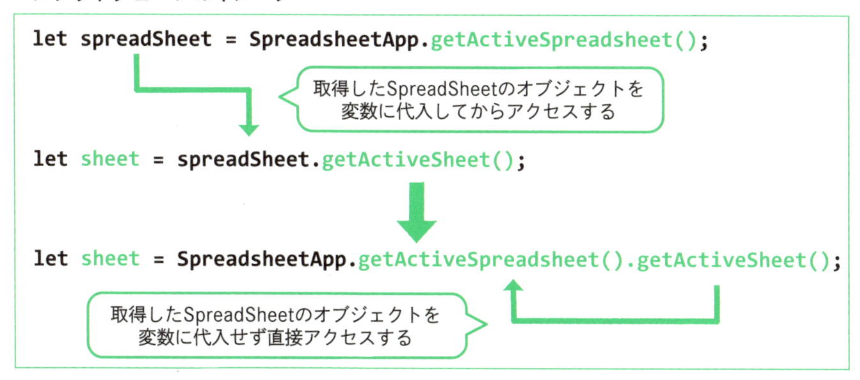

重要

メソッドチェーンでGASのスクリプトを効率的に記述できます。

◎ セルの値の取得

シート内のセルから値を取得するときは、Sheet オブジェクトの getRange メソッドで Range オブジェクトを取得します。

- **シートからRangeオブジェクトを取得**

```
Sheetオブジェクト.getRange(セルの位置)
```

セル B4 の値を取得したい場合、'B4' と文字列で引数を指定して、戻り値でセル B4 にアクセスするための Range オブジェクトを取得します。そのうえで、Range オブジェクトの getValue メソッドで、セルの値を取得します。

- **セルの値を取得**

```
Rangeオブジェクト.getValue()
```

また、次のようにメソッドチェーンにすると、セル B4 の値である「英語」を取得し、変数 value に代入されます。

- **セルB4の値を取得**

```
let value = sheet.getRange('B4').getValue();
```

◎ セルの値の設定

セルに値を設定するには、Range オブジェクトの setValue メソッドを使います。

- **セルの値の取得**

```
Rangeオブジェクト.setValue(値)
```

次のように記述すると、セル B6 に「算数」という文字列を設定することができます。

- **セルB6に値を設定**

```
sheet.getRange('B6').setValue('算数');
```

例題 2-3 ★☆☆

スプレッドシート「lesson2」の「シート 1」から、英語、国語、算数の 3 つの科目の点数を取得し、合計をセル C7 に設定する関数を作りなさい。なお、作成する関数は example2_3 という名前で sample2-3.gs に追加すること。

● **期待される実行結果**

	A	B	C
1			
2			
3		科目	点数
4		英語	80
5		国語	91
6		算数	74
7		合計	245
8			
9			

\+ ≡ シート1 ▾

解答例と解説

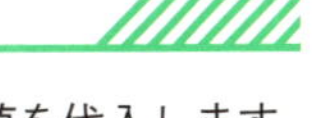

最初に変数 english、japanese、math を宣言すると同時に指定した値を代入します。そして、変数 sum に 3 の変数の値を合計した結果を代入します。

sample2-3.gs（example2_3関数）

```
45 function example2_3() {
46   // アクティブなシートを取得する
47   let sheet = SpreadsheetApp.getActiveSpreadsheet().getActiveSheet();
48   // english,japanese,mathの宣言と値の代入
49   let english = sheet.getRange('C4').getValue();
50   let japanese = sheet.getRange('C5').getValue();
51   let math = sheet.getRange('C6').getValue();
52   // 3つの数の合計
53   let sum = english + japanese + math;
54   // C7に合計値を設定する
55   sheet.getRange('C7').setValue(sum);
56 }
```

3 練習問題

正解は 273 ページ

プロジェクト内に「exercise2.gs」を追加し、次の関数を作成・実行しなさい。

問題 2-1 ★☆☆

console.log を用いて次の演算結果を出力する関数を作りなさい。なお、関数名を problem1 とすること。

（1）5 × 2　（2）12 ÷ 4　（3）(1 + 5) × 0.5

問題 2-2 ★☆☆

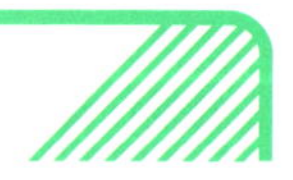

次の処理を行う関数を作りなさい。関数名を problem2 とすること。

（1）変数 s1 に文字列「Hello」を代入する

（2）変数 s2 に文字列「GAS」を代入する

（3）console.log を用いて、文字列 s1 と s2 を連結して表示する

問題 2-3 ★☆☆

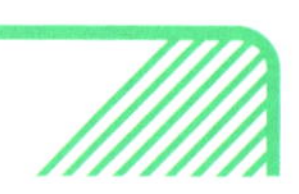

アクティブなシートに対し次の処理を行う関数を作りなさい。関数名を problem3 とすること。

（1）セル A1 に文字列「Hello」を設定する

（2）セル A2 に文字列「SpreadSheet」を設定する

（3）セル A3 にセル A1 とセル A2 を連結した文字列を設定する

3日目

条件分岐と繰り返し

1 条件分岐

- if 文、switch 文を使った条件分岐を学習する
- 比較演算について学習する
- 条件分岐をスプレッドシートの操作に応用する

1-1 if 文と switch 文

- 条件分岐、比較演算について理解する
- if 文、else 文、else ～ if 文、switch 文の使い方を学ぶ
- 論理和、論理積による条件分岐について理解する

分岐処理を学ぶための準備

3 日目では、条件分岐と繰り返し処理について学習します。まずは条件分岐の学習からはじめます。

2 日目と同様に、3 日目用のスプレッドシートを作成し、「lesson3」という名前を付けましょう。さらにプロジェクト名を「day3」、スクリプトのファイル名を「sample3-1.gs」に変えてください。

if 文による条件分岐

条件分岐とは、処理の流れを条件で変えることです（P.11）。if（イフ）文またはswitch（スイッチ）文で記述します。

次の func3_1_1 関数では、if 文で条件分岐を行っています。入力・実行してみてください。

sample3-1.gs (func3_1_1関数)

```
01 function func3_1_1() {
02   let num = 100;
03   // 条件分岐
04   if (num >= 100) {
05     console.log('numは100以上');
06   }
07   console.log('処理終了');
08 }
```

- **実行結果① (変数numが100以上の場合)**

```
numは100以上
処理終了
```

4行目の if 文は、**ある条件が成り立つかどうかで処理を分岐させる働き**があり、書式は次のとおりです。

- **if文の書式**

```
if (条件式) {
  処理
}
```

条件式「num >= 100」は「変数 num の値が 100 以上」という意味で、「>=」は**比較演算子（ひかくえんざんし）**と呼ばれるものです。変数 num は 100 なのでこの条件式が成り立ち、{ } 内に記述した処理が実行されて「num は 100 以上」と表示されます。

では、条件式が成り立たない場合は、どうなるのでしょうか？　例えば、変数 num に代入する値を 1 にすると、次のような結果になります。

- **実行結果② (変数numが100未満の場合)**

```
処理終了
```

これは**「num >= 100」が成り立たず、{ } 内の処理が実行されなかったためです**。実際に変数 num に代入する値を変えて、結果が変わることを確認してみてください。

比較演算

続いて、比較演算について説明します。

条件式「num >= 100」は比較演算と呼ばれるもので、式や値を比較した結果を真偽値（true または false）で返します。「num >= 100」という条件式に対し、「num = 100」のときは条件式が成り立つので true、「num = 1」のときは条件式が成り立たないので false を返します。

● if文の処理の概要

①条件が成り立つ場合

```
let num = 100;
if (num >= 100) { ← 条件が成り立つ
  console.log('numは100以上'); ← 実行される
}
console.log('処理終了'); ← 実行される
```

②条件が成り立たない場合

```
let num = 1;
if (num >= 100) { ← 条件が成り立たない
  console.log('numは100以上'); ← 実行されない
}
console.log('処理終了'); ← 実行される
```

重要

比較演算は結果を true または false で返します。

◎比較演算の結果を確認する

次の func3_1_2 関数では、console.log メソッドの引数として比較演算を行う式を渡しています。演算の結果、true または false が得られていることを確認しましょう。

sample3-1.gs（func3_1_2関数）

```
10 function func3_1_2() {
11   let num = 100;
12   console.log(num >= 100);
13 }
```

● 実行結果

```
true
```

条件式が成り立つので「true」が出力されます。次は変数numに1を代入して、結果を確認してみましょう。

sample3-1.gs（func3_1_3関数）

```
15 function func3_1_3() {
16   let num = 1;
17   console.log(num >= 100);
18 }
```

- **実行結果**

```
false
```

条件式が成り立たないため、「false」が出力されます。ここまでに使用した「>=」以外にも、次のような比較演算子があります。

- **比較演算子**

意味	使用例	trueになる条件
a == b	等しい	aとbが等しい
a === b	等しい	aとbが厳密に等しい
a != b	等しくない	aとbは等しくない
a !== b	等しくない	aとbは厳密に等しくない
a < b	より少ない	aがbより小さい
a > b	より多い	aがbより大きい
a <= b	以下	aがb以下
a >= b	以上	aがb以上

◎ ==と===の違い

「==と「===」の違いを次のfunc3_1_4関数で確認してみましょう。

sample3-1.gs（func3_1_4関数）

```
20 function func3_1_4() {
21   console.log(1 == 1);       // true
22   console.log(1 == '1');     // true
23   console.log(1 === 1);      // true
24   console.log(1 === '1');    // false
25 }
```

- **実行結果**

```
true
true
true
false
```

「==」と「===」はどちらも左辺と右辺の値が同じときにtrueを返しますが、「厳密さ」が異なります。

「==」は、左辺と右辺のデータ型を統一したうえで比較を行い、その結果が等しければtrue、等しくなければfalseを返します。したがって「1 == '1'」はtrueです。

これに対し、**「===」はデータ型が同じかどうかも判定します**。つまり、左辺が数値型、右辺が文字列型とデータ型が異なるため、「1 === '1'」でfalseを返したわけです。「!=」と「!==」についても同様です。

注意

- 「==」と「!=」は、データ型を統一したうえで値を比較
- 「===」と「!==」は、値を比較する前にデータ型が一致するかを判定

if ~ else文

if文で( )内に記述した条件式の結果がtrue、つまり「条件が成り立つ場合に実行する処理」を記述できます。if文だけでは「条件式が成り立たなかった場合に実行する処理」を記述することはできませんでしたが、**if ~ else文を使うことで「条件式が成り立たなかった場合に実行する処理」も記述できます**。

次のfunc3_1_5関数を入力し、実行してみましょう。

sample3-1.gs (func3_1_5関数)

```
27 function func3_1_5() {
28   let num = 100;
29   // 条件分岐
30   if (num >= 100) {
31     console.log('numは100以上');
32   } else {
33     console.log('numは100未満');
34   }
35   console.log('処理終了');
36 }
```

- **実行結果①（変数numが100以上の場合）**

```
numは100以上
処理終了
```

変数 num に代入する値を 100 未満にすると、次のように結果が変わります。

- **実行結果②（変数numが100未満の場合）**

```
numは100未満
処理終了
```

if ～ else 文の書式は次のとおりです。

- **if文の書式**

```
if (条件式) {
  処理①
} else {
  処理②
}
```

条件式が true であれば処理①が、false であれば処理②が実行されます。

else if 文

3 つ以上の選択肢を持つ条件分岐は else if 文で記述できます。else if 文を使った if 文の書式は次のとおりです。

- **else if文の書式**

```
if (条件式①) {
  処理①
} else if (条件式②) {
  処理②
} else {
  処理③
}
```

条件式①が true の場合、処理①が実行されます。条件式①が false かつ条件式②が true の場合、処理②が実行されます。条件式①、②共に false の場合、処理③が実行されます。

- **分岐の結果**

条件式①	条件式②	実行される処理
true	-	処理①
false	true	処理②
false	false	処理③

なお、if 文の条件分岐で else 文は 1 つしか記述できませんが、else if 文は複数記述できます。

重要

if 文の中に else if 文は複数記述できます。

実際に else if 文を使った条件分岐を試してみましょう。

sample3-1.gs（func3_1_6関数）

```
38 function func3_1_6() {
39   let num = 100;
40   // 条件分岐
41   if (num > 0) {
42     console.log('numは0より大きい');
43   } else if (num == 0) {
44     console.log('numは0');
45   } else {
46     console.log('numは0未満');
47   }
48 }
```

- **実行結果①（変数numが0より大きい場合）**

```
numは0より大きい
```

変数 num の値を変えると、さまざまな結果が得られます。

- 実行結果②（変数numが0の場合）

```
numは0
```

- 実行結果③（変数numが0未満の場合）

```
numは0未満
```

func3_1_6 関数の処理内容を表にまとめると次のようになります。

- func3_1_6関数の条件の処理内容

numの値	num > 0	num == 0	出力される内容
100	true	false	numは0より大きい
0	false	true	numは0
-1	false	false	numは0未満

論理和による条件分岐

if 文の条件式は、複数の式を組み合わせることができます。

◎論理和による条件分岐

まずは**論理和（ろんりわ）**による条件分岐から見ていきましょう。

sample3-1.gs（func3_1_7関数）

```
50 function func3_1_7() {
51   let n1 = 1;
52   let n2 = 2;
53   console.log('n1=' + n1);
54   console.log('n2=' + n2);
55   // 論理和による条件式
56   if (n1 == 1 || n2 == 1) {
57     console.log('n1,n2のどちらかが1です');
58   } else {
59     console.log('n1,n2も1ではありません');
60   }
61 }
```

・実行結果①（変数n1、変数n2のどちらかが1の場合）

```
n1=1
n2=2
n1,n2のどちらかが1です
```

if 文の条件の中に用いられている「||」は論理和と呼ばれる演算子です。**英語ではOR と呼ばれ、「～か、もしくは～」という意味です**。この演算子を使うと、複数の条件式のうち 1 つでも true になれば、true を返します。つまり**複数の条件のうち 1 つでも条件が満たされていれば、条件が成り立つことになります**。

func3_1_7 関数の「n1 == 1 || n2 == 1」は、「変数 n1 が 1 か、もしくは変数 n2 が 1」という意味です。変数 n1 が 1、変数 n2 は 2 なので、この条件が成り立ち「n1 か n2 のどちらかが 1 です」と出力されます。

論理和の働きを表にまとめると次のようになります。

・論理和の結果

n1の値	n2の値	n1==1	n2==1	n1==1 || n2==1
1	1	true	true	true
1	2	true	false	true
2	1	false	true	true
2	2	false	false	false

表からわかるとおり、論理和が false になるのは両方の条件式が false のときだけです。

試しに変数 n1 と変数 n2 の値を次のように変更して実行してみましょう。

・両方ともfalseとなる変数n1、変数n2の値

```
let n1 = 2;
let n2 = 2;
```

この場合は「n1 == 1」も「n2 == 1」も false なので、結果として else の処理が実行されます。

・実行結果②（変数n1、変数n2がどちらも1ではない場合）

```
n1=2
n2=2
n1,n2も1ではありません
```

◎ 論理積による条件分岐

次に**論理積（ろんりせき）**による条件分岐です。

sample3-1.gs（func3_1_8関数）

```
63 function func3_1_8() {
64   let n1 = 1;
65   let n2 = 1;
66   console.log('n1=' + n1);
67   console.log('n2=' + n2);
68   // 論理積による条件式
69   if (n1 == 1 && n2 == 1) {
70     console.log('n1,n2どちらも1です');
71   } else {
72     console.log('n1,n2のどちらかが1ではありません');
73   }
74 }
```

- **実行結果①（変数n1、変数n2のどちらかが1の場合）**

```
n1=1
n2=1
n1,n2どちらも1です
```

論理積は英語でANDといい、複数の条件が同時に成り立つかどうかを調べます。「AかつB」といった複数の条件がすべて成立するかを判定する場合に使用します。

論理積の演算子は「&&」で、「n1 == 1 && n2 == 1」は「変数n1が1、かつ変数n2が1」という意味です。両方の条件式がtrueの場合のみ、論理積の結果がtrueになります。それ以外の場合、すべての結果がfalseになります。

- **論理積の結果**

n1の値	n2の値	n1==1	n2==1	n1==1 && n2==1
1	1	true	true	true
1	2	true	false	false
2	1	false	true	false
2	2	false	false	false

変数n1と変数n2の値を次のように変更してみましょう。

- **いずれかがfalseとなる変数n1、変数n2の値**

```
let n1 = 1;
let n2 = 2;
```

「n2 == 1」が成り立たないので、else の処理が実行されます。

- **実行結果②（変数n1、変数n2のいずれかが1以外の場合）**

```
n1=1
n2=2
n1,n2のどちらかが1ではありません
```

switch 文

条件分岐を記述する方法として、if 文のほかに switch 文があります。switch 文は、変数や式などの値によって処理を分岐させます。書式は次のとおりです。

- **switch文の書式**

```
switch (変数もしくは式) {
  case 値1:
    処理①
    break;
  case 値2:
    処理②
    break;
    …
  default:
    処理③
    break;
}
```

switch 文の ( ) 内の値によって処理が分岐します。**その値がどのような値かを判断するのが case です**。これにより値 1 の場合は処理①、値 2 の場合は処理②を実行します。

case はいくつあっても構いません。最後の「default」は、case のいずれの値にも該当しないケースに実行する処理を記述します。

なお、**処理の最後には break を記述します**。これは処理を終了して switch 文から抜けるために必要な処理です。

では、実際に簡単な switch 文の分岐処理を実行してみましょう。

sample3-1.gs (func3_1_9関数)

```
76 function func3_1_9() {
77   let n = 1;
78   // 条件分岐
79   switch (n) {
80     case 1:
81       console.log('ONE');
82       break;
83     case 2:
84       console.log('TWO');
85       break;
86     case 3:
87       console.log('THREE');
88       break;
89     default:
90       console.log('OTHER');
91       break;
92   }
93 }
```

- **実行結果① (n = 1の場合)**

```
ONE
```

変数 n の値を変更し、実行結果が変わることを確認してみましょう。

- **実行結果② (n = 2の場合)**

```
TWO
```

- **実行結果③ (n = 3の場合)**

```
THREE
```

- **実行結果④ (変数nが1～3以外の場合)**

```
OTHER
```

変数 n が 1 なら「ONE」、2 なら「TWO」、3 なら「THREE」と表示されます。変数 n がそれ以外の場合は「OTHER」と表示されます。

● switch文の働き

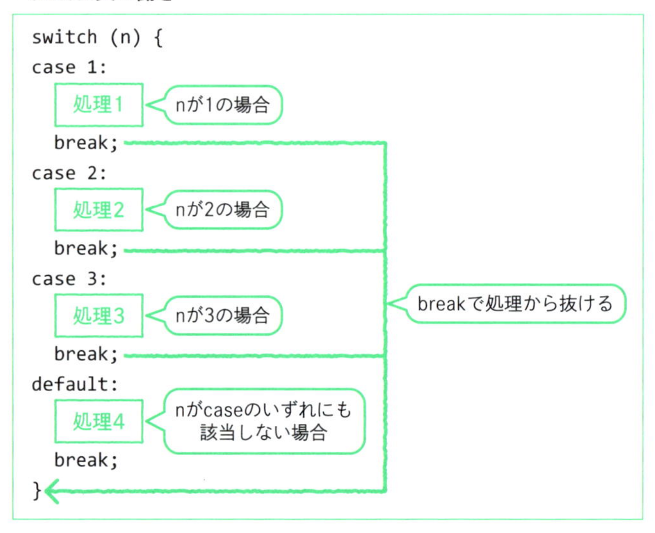

例題 3-1 ★☆☆

「sample3-1.gs」に func3_1_9 関数の switch 文の処理を if 文を使った処理に書き換え、同じ条件処理を行う関数を作りなさい。なお、関数名は example3_1 とすること。

解答例と解説

switch 文の case に該当する部分は if と else if で記述できます。また、default に該当する部分は else で記述できます。

sample3-1.gs（example3_1関数）

```
95  function example3_1() {
96    let n = 1;
97    // 条件分岐
98    if (n == 1) {
99      console.log('ONE');
100   } else if (n == 2) {
101     console.log('TWO');
102   } else if (n == 3) {
103     console.log('THREE');
104   } else {
105     console.log('OTHER');
106   }
107 }
```

実行結果は func3_1_9 関数と同じなので省略します。変数 n の値を変えて、結果が変わることも確認してみてください。

2 繰り返し処理

- 繰り返し処理とは何かについて学ぶ
- while 文の使い方を学ぶ
- for 文の使い方を学ぶ

2-1 while 文と for 文

- while 文の使い方を学ぶ
- 無限ループについて理解する
- for 文の使い方を学ぶ

繰り返し処理を学ぶための準備

条件が成立する間、処理を繰り返すことを（P.12）、**ループ処理**または単に**ループ**ともいいます。繰り返し処理には、**while（ホワイル）文**を使う方法と **for（フォー）文**を使う方法があります。順番に学んでいきましょう。

ここからのスクリプトは、ファイル「sample3-2.gs」を作成して、入力·実行を行ってください。

while 文を使った繰り返し

次の func3_2_1 関数を入力し、実行しましょう。

sample3-2.gs（func3_2_1関数）

```
01 function func3_2_1() {
02   let i = 0;
```

```
03   // while文による繰り返し
04   while (i < 5) {
05     console.log('i=' + i);
06     i++;
07   }
08 }
```

• **実行結果**

```
i=0
i=1
i=2
i=3
i=4
```

実行結果からわかるとおり、変数 i の値が 0 から 4 まで変化しています。

while 文の書式は次のとおりです。

• **while文の書式**

```
while (条件式) {
  処理
}
```

while 文は、条件式が true の間、{ } 内に記述された処理を繰り返します。

• **whileループの働き**

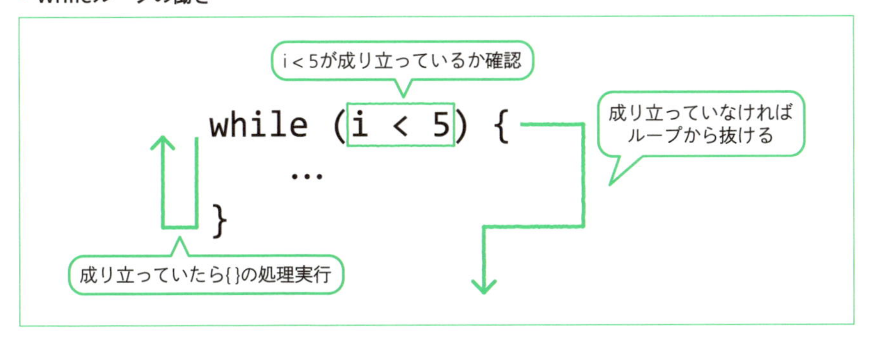

変数 i の初期値は 0 で、条件式「i < 5」が true の間、{ } 内の処理が実行されます。繰り返しの中で変数 i に 1 が足されるので、値が 1、2、3…と増えていき、「i=4」と

表示されたあと変数 i の値が 5 になり、条件式「i < 5」が false になるため、ループが終了します。

重要

while 文では、条件式が true の間処理を実行し続けます。

ループの流れを変える

ループの流れは、break 文と continue 文で変えることが可能です。

◎ break文

まずは break 文を使った処理を見てみましょう。

sample3-2.gs (func3_2_2関数)

```
10 function func3_2_2() {
11   let i = 0;
12   // while文による繰り返し
13   while (i < 5) {
14     console.log('i=' + i);
15     i++;
16     // iが2のときループから抜ける
17     if (i == 2) {
18       break;
19     }
20   }
21 }
```

• 実行結果

```
i=0
i=1
```

「i=1」と表示したあと、処理が終了します。**変数 i が 2 の場合、break 文でループから抜けるため、「i=1」と表示したあとに処理が終了します**。

重要

break 文を使うとループから抜けることができます。

◎ continue文

続いて、continue 文を使った処理を見てみましょう。

sample3-2.gs（func3_2_3関数）

```
23 function func3_2_3() {
24   let i = 0;
25   // while文による繰り返し
26   while (i < 5) {
27     i++;
28     // iが2のときループの先頭に戻る
29     if (i == 2) {
30       continue;
31     }
32     console.log('i=' + i);
33   }
34 }
```

• **実行結果**

```
i=1
i=3
i=4
i=5
```

変数 i に 0 を代入し、while ループの中で変数 i に 1 を足してからその値を表示しています。繰り返し処理の条件が「i < 5」なので、1 から 5 までの値が表示されるはずです。

ところが「i=2」が表示されていません。**これは変数 i が 2 の場合、値を表示する前に continue でループの先頭に戻っているからです**。

重要

continue 文を使うとループの先頭に戻ります。

◎ 無限ループ

無限ループとは、文字どおり無限に繰り返されるループですので、終わりがありません。次の func3_2_4 関数では無限ループになります。

sample3-2.gs（func3_2_4関数）

```
36 function func3_2_4() {
37   // 無限ループ
38   while (true) {
39     console.log('Impress');
40   }
41 }
```

実行すると「Impress」という文字列が際限なく出現し、いつまでたっても終わりません。whileの条件式が「true」になっており、**ループ内の処理が無限に繰り返されてしまい終了しないためです。停止ボタンを押すことで、処理が停止します。**

• **停止ボタン（処理実行中に表示される）**

繰り返しの条件を誤ってしまうと、無限ループが発生してしまうため注意が必要です。

無限ループを発生させないように気を付けましょう。

for文

while文の次に、for文を使った繰り返し処理を見ていきましょう。

sample3-2.gs（func3_2_5関数）

```
43 function func3_2_5() {
44   // forループ
45   for (let i = 0; i < 5; i++) {
46     console.log('i=' + i);
47   }
48 }
```

• **実行結果**

```
i=0
i=1
i=2
i=3
i=4
```

for 文の書式は次のとおりです。

• **for文の書式**

```
for (初期化処理; 条件式; 増分処理) {
    処理
}
```

最初に初期化処理を実行し、そのあと条件式を満たす間、{ } 内の処理を実行します。処理が終わるごとに増分処理を実行します。

func3_2_5 関数の場合、最初に変数 i を宣言し 0 で初期化（①）したあと、「i < 5」が成り立つかを確認（②）し、成り立っていれば { } 内の処理を実行します（② -1）。{ } 内の処理が終了するとインクリメントを行い（③）、再び繰り返しの条件が成り立つかを確認（②）します。変数 i が 2、3……と増えていき、i = 5 となると条件が成り立たなくなるので、ループから抜けて処理を終了します（② -2）。

• **forループの働き**

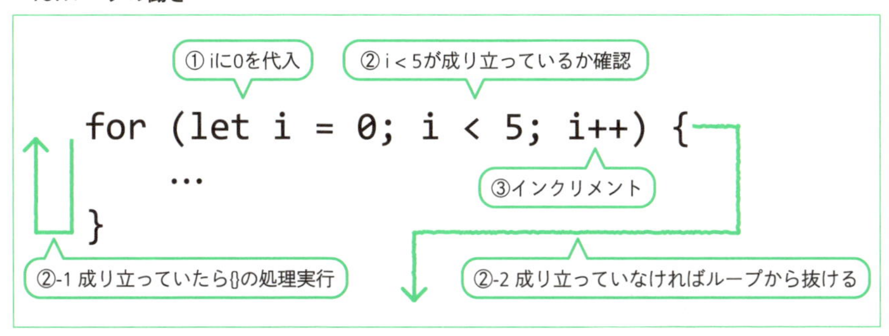

次に表に for 文のさまざまな記述方法をまとめています。func3_2_5 関数の for 文を書き換えて、結果を確認してみましょう。

• **for文の記述方法**

記述例	iの変化	説明
for (let i = 0; i < 5; i++)	0 1 2 3 4	変数の値を1ずつ増やし5になると終了
for (let i = -2; i <= 2; i++)	-2 -1 0 1 2	-2から2まで、値を1ずつ増加させる
for (let i = 0; i < 10; i+=2)	0 2 4 6 8	変数の値を2ずつ増加させる
for (let i = 5; i >= 1; i--)	5 4 3 2 1	変数の値を5から1まで1つずつ減少させる
for (let i = 2; i >= -2; i--)	2 1 0 -1 -2	2から-2まで、値を1つずつ減少させる
for (let i = 12; i > 0; i-=3)	12 9 6 3	変数の値を3ずつ減少させ0になると終了

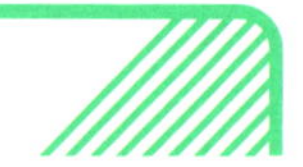

例題 3-2 ★☆☆

「sample3-2.gs」に 1 以上 10 以下の偶数をすべて表示する関数を作りなさい。なお、関数名は example3_2 とすること。

解答例と解説

for ループで変数 n を 1 から 10 まで変化させます。変数 n が 2 で割り切れれば偶数なので、その場合は結果を出力します。

sample3-2.gs（example3_2関数）

```
50 function example3_2() {
51   // 1以上10以下の偶数の表示
52   for (let n = 1; n <= 10; n++) {
53     // 2で割り切れたら偶数とみなす
54     if (n % 2 == 0) {
55       console.log(n);
56     }
57   }
58 }
```

● 実行結果

```
2
4
6
8
10
```

3 スプレッドシートと繰り返し処理

- スプレッドシートと繰り返し処理を組み合わせる
- 情報が記述された範囲を取得する
- より高度なセル操作について学習する

3-1 スプレッドシートと繰り返し処理

- 繰り返し処理を用いてスプレッドシートに情報を出力する
- 繰り返し処理を用いてスプレッドシートから情報を取得する

スプレッドシートに情報を出力する

スプレッドシートには複数のシートがあり、さらにシートの中には複数のセルがあります。複数のセルを一度に操作するときは、繰り返し処理が欠かせません。この節では、繰り返し処理を使ったスプレッドシートの操作について学んでいきます。

スクリプトファイル「sample3-3.gs」を作成し、以降に掲載している関数を入力・実行していきましょう。

◉ 行・列を指定してセルを取得する

2 日目ではセルの値を取得する際、「A5」や「B8」といったセル名を指定していました。この形式は **A1 形式**と呼ばれています。

Range オブジェクトの getRange メソッドに文字列を 1 つだけ渡すと、その文字列をセル名として扱い、対象のセルを取得できます。この getRange メソッドは、行番号と列番号の数値を引数にしてセルを取得することも可能です。

- **行番号・列番号でセルを取得**

```
Rangeオブジェクト.getRange(行番号, 列番号)
```

行番号は 1、2、3……と数値を指定します。スプレッドシート上では、列に A、B、C……という名前が付いていますが、これは先頭から 1、2、3……と考えます。例えば、セル E4 の場合、E は 5 列目に該当するので 4 行 5 列目と表現することができ、「getRange(4,5)」でセル E4 を取得できます。

- **列・行の番号でセルを取得する**

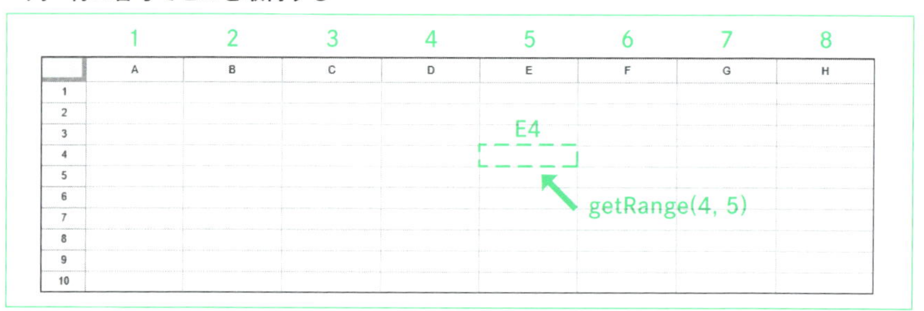

数値でセルを表現する方法は、**R1C1 形式**と呼ばれます。**A1 形式は列・行の順番ですが、R1C1 形式は行・列の順番になるので気を付けましょう**。

数値（R1C1 形式）でセルを指定する場合は行・列の順番となり、A1 形式とは順序が逆になります。

数値だけでセルを取得できると、繰り返し処理で複数のセルを取得することが容易になります。

◎ for文で複数のセルに値を設定する

for 文を使って、複数のセルに値を設定してみましょう。

sample3-3.gs（func3_3_1 関数）

```
01 function func3_3_1() {
02   // アクティブなシートの取得
03   let sheet = SpreadsheetApp.getActiveSheet();
04   // シートをクリア
05   sheet.clear();
```

```
06    // 1~5の数値をセルに書き込む
07    for (let i = 1; i <= 5; i++) {
08      sheet.getRange(1, i).setValue(i); // 1行目、i列目に値を設定
09    }
10  }
```


- 実行結果

	A	B	C	D	E	F	G	H
1	1	2	3	4	5			
2								

スプレッドシート「lesson3」のアクティブなシートに、セル A1 から E1 にかけて、1 から 5 までの値が入ります。これは繰り返し処理で、変数 i の値を 1 から 5 に変化させ、getRange(1, i) で 1 行 i 列目のセルに変数 i の値を設定したためです。

◎ アクティブなシートの簡単な取得

func3_3_1 関数では､アクティブなシートの取得は､次のスクリプトで行っています。

- アクティブなシートを取得（func3_3_1関数／3行目）

```
let sheet = SpreadsheetApp.getActiveSheet();
```

実は､SpreadsheetApp オブジェクトの getActiveSheet メソッドを呼び出すことで､直接アクティブなシートを取得することができます。

重要

SpreadsheetApp オブジェクトから、直接アクティブなシートを取得することができます。

◎ シートのクリア

取得したアクティブなシートに対し、clear メソッドを呼び出しています。

- シートのクリア（func3_3_1関数／5行目）

```
sheet.clear();
```

clear メソッドはシートの内容をクリアする働きがあり、初期状態に戻すことができます。シートをクリアするメソッドには次のようなものがあるので、状況に応じて使い分けましょう。

• スプレッドシートをクリアするクラス

メソッド名	概要
clear	シートや範囲のすべての内容（値、書式、メモなど）を削除
clearContent	シートや範囲の値のみを削除し、書式やメモはそのまま残す
clearFormat	シートや範囲の書式のみを削除し、値はそのまま残す

データが設定されている範囲を求める

次に、Range オブジェクトから情報を取得する方法を学びましょう。

sample3-3.gs (func3_3_2関数)

```
12 function func3_3_2() {
13   // アクティブなシートの取得
14   let sheet = SpreadsheetApp.getActiveSheet();
15   // シートをクリア
16   sheet.clear();
17   let number = 1;
18   // 5行4列のデータを出力する(row:行、column:列)
19   for (let row = 1; row <= 5 ; row++) {
20     for (let column = 1; column <=4 ; column++) {
21       // column行、row列目に値を設定
22       sheet.getRange(row, column).setValue(number);
23       number++;
24     }
25   }
26   // データが入力されているRageを取得
27   let range = sheet.getDataRange();
28   // データの範囲を出力
29   console.log('データの存在範囲:'+range.getA1Notation());
30   console.log('データの最終列:'+sheet.getLastColumn());
31   console.log('データの最終行:'+sheet.getLastRow());
32 }
```

- 実行結果（シートの内容）

lesson3
ファイル 編集 表示 挿入 表示形式 データ ツール 拡張機能 ヘルプ
100% ¥ % .0 .00 123 デフォ... 10 B I A
L30 fx

	A	B	C	D	E	F	G	H
1	1	2	3	4				
2	5	6	7	8				
3	9	10	11	12				
4	13	14	15	16				
5	17	18	19	20				
6								

- 実行結果（実行ログの出力結果）

```
データの存在範囲:A1:D5
データの最終列:4
データの最終行:5
```

for文のネスト

func3_3_2 関数では、for 文の中に for 文を入れて、5 行 4 列の表を作っています。入れ子構造のことをネストといい、for 文の中に for 文が入った状態のことを **for 文のネスト**といいます。またループの中でループを行うことを**二重ループ**といいます。

外側の for 文では行を指定するための変数 row を 1 から 5 に変化させ、内側の for 文では列を指定するための変数 column を 1 から 4 に変化させています。

(1) row = 1 の場合

外側のループでは、最初に変数 row が 1 になります。

- row = 1のときの処理

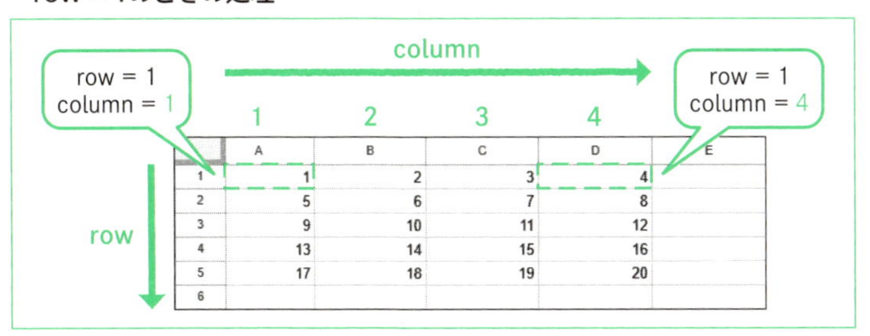

その状態で変数 column が 1 から 4 まで変化するため、1 行 1 列から 1 行 4 列までに値が設定されます。セルにセットする値を保持する変数 number は、繰り返すた

びに 1、2、3……と増えていきます。

内側のループが終わると、外側のループに戻ります。変数 row が 2 になり、その状態で再び内側のループがはじまり、2 列目の値が設定されます。

(2) row = 5 の場合

外側のループで変数 row が 5 の状態が最後の繰り返しです。

● row = 5のときの処理

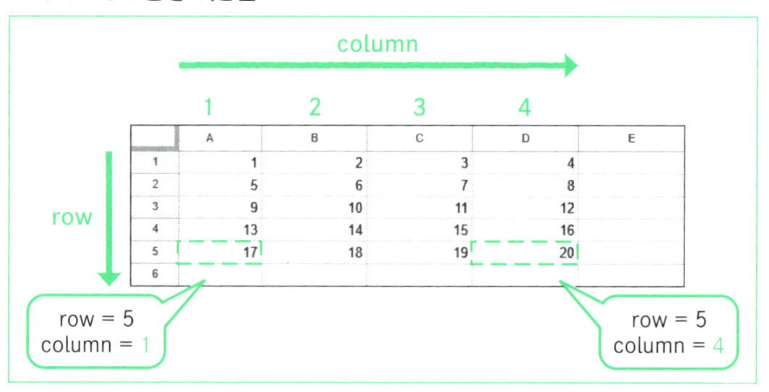

	A	B	C	D	E
1	1	2	3	4	
2	5	6	7	8	
3	9	10	11	12	
4	13	14	15	16	
5	17	18	19	20	
6					

変数 row が 5 の状態で内側のループを行うと、5 行目に値が設定され、for 文のネストから抜けます。

◉ データの存在範囲、最終行、最終列の取得

データの存在範囲、最終行、最終列の取得にも、Range オブジェクトのメソッドを使います。まずは次の処理で、データの存在範囲を取得します。

● シート内のデータの存在範囲の取得（func3_3_2関数／27行目）

```
let range = sheet.getDataRange();
```

これによりデータが存在する範囲が Range オブジェクトとして取得されます。getA1Notation メソッドを呼び出すと、A1 形式でデータの存在範囲を取得できます。func3_3_2 の場合、実行結果が「A1:D5」であることから、左上が A1、右下が D5 の範囲であることがわかります。

また、取得した範囲の最終行の番号を getLastRow メソッドで取得でき、最終列の番号を getLastColumn メソッドで取得できます。

書式を設定する

Range オブジェクトでセルの書式を設定することも可能です。次の func3_3_3 関数では、シートに罫線を引いたり、書式を設定したりします。

sample3-3.gs（func3_3_3関数）

```
34 function func3_3_3() {
35   let sheet = SpreadsheetApp.getActiveSheet();
36   sheet.clear();
37   let number = 1;
38   // 5行4列のデータを出力する(row:行、column:列)
39   for (let row = 1; row <= 5 ; row++) {
40     for (let column = 1; column <= 4 ; column++) {
41       // column行、row列目に値を設定
42       sheet.getRange(row, column).setValue(number);
43       number++;
44     }
45   }
46   let range = sheet.getDataRange();
47   // 表に罫線を追加する
48   range.setBorder(true, true, true, true, true, true);
49   // 表の文字を中央寄せにする
50   range.setHorizontalAlignment('center');
51   // 左上の文字を太文字に
52   sheet.getRange('A1').setFontWeight('bold');
53   // 最後の行の見た目をメソッドチェーンで変更
54   sheet.getRange('A5:D5').setFontStyle('italic')  // イタリック体に変更
55     .setFontFamily('Courier New')                 // フォントを設定
56     .setFontSize(12)                              // フォントのサイズ12
57     .setFontColor('blue')                         // 文字を青色に
58     .setBackground('silver');                     // 背景をシルバーに
59 }
```

● 実行結果

	A	B	C	D	E	F
1	**1**	2	3	4		
2	5	6	7	8		
3	9	10	11	12		
4	13	14	15	16		
5	*17*	*18*	*19*	*20*		
6						

太字（ボールド）

まとめて変更

実行結果からわかるとおり、func3_3_2 関数で作成した表に罫線を引きセルを中央寄せにしたうえで、フォントなどの設定を変更しています。

◉ 罫線を引く

Range クラスの setBorder メソッドで、罫線を引くことができます。

• setBorderメソッドの使用方法

```
Rangeオブジェクト.setBorder(上, 左, 下, 右, 垂直, 水平);
```

この 5 つの引数は論理値（true ／ false）または null です。取得した範囲の上下左右に罫線を設定するかどうかを論理値で設定します。また取得した範囲内に対して垂直方向に罫線を設定するか、水平方向に罫線を設定するかを指定します。

• setBorderメソッドで指定する罫線の設定

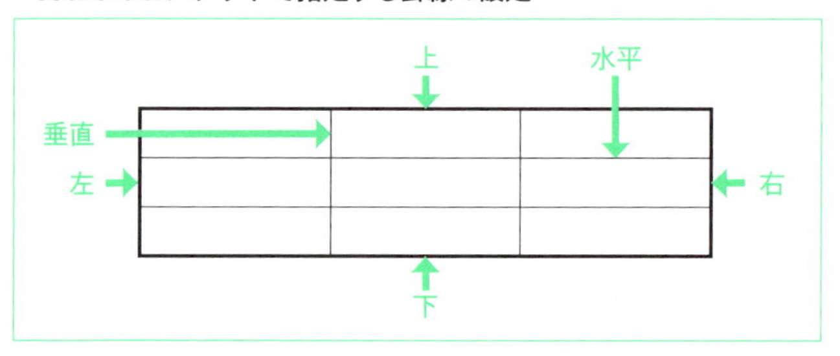

true の場合は罫線を引く、false の場合は罫線を消す、null の場合は変更なしとすることを指定します。

func3_3_3 関数では、取得した範囲の上下左右、取得範囲内の垂直方向と水平方向に罫線を引いています。

• func3_3_3関数のsetBorderメソッドの呼び出し（func3_3_3関数／48行目）

```
range.setBorder(true, true, true, true, true, true);
```

◉ 文字の中央寄せ

さらに取得した範囲内のセルを中央寄せしています。中央寄せの設定は、setHorizontalAlignment メソッドで行います。

- セルの左右中央寄せ（func3_3_3関数／50行目）

```
range.setHorizontalAlignment('center');
```

setHorizontalAlignment メソッドは水平揃えを行うメソッドで、left で左寄せ、center で中央寄せ、right で右寄せに設定できます。

なお、setVerticalAlignment メソッドでは垂直方向の寄せ方を設定でき、top で上寄せ、middle で中央寄せ、bottom で下寄せになります。

◎ 文字の装飾

次の処理で、A1 セルのみ文字を太字（ボールド）にしています。

- A1セルの文字列を太文字にする（func3_3_3関数／52行目）

```
sheet.getRange('A1').setFontWeight('bold');
```

setFontWeight メソッドを使うと、指定した範囲のフォントの太さを設定できます。「bold」で太字、「normal」で通常になります。

◎ メソッドチェーンで一度に複数の設定を行う

メソッドチェーンで複数の設定を同時に行うことができます。

- メソッドチェーンを用いた複数の設定の同時設定（func3_3_3関数／54～58行目）

```
sheet.getRange('A5:D5').setFontStyle('italic')     // イタリック体に変更
    .setFontFamily('Courier New')                  // フォントを設定
    .setFontSize(12)                               // フォントのサイズ12
    .setFontColor('blue')                          // 文字を青色に
    .setBackground('silver');                      // 背景をシルバーに
```

セル A5 ～ D5 に対し、setFontStyle メソッドで字体をイタリック（斜体）に設定し、setFontFamily メソッドでフォントの種類を「Courier New」に設定しています。さらに、setFontSize メソッドでフォントサイズを 12 に、setFontColor メソッドで文字の色を青に、そして setBackground メソッドでセルの背景をシルバーに設定しています。ある範囲に対して複数の設定を行いたい場合は、このようにメソッドチェーンを用いると大変便利です。

Range オブジェクトには、フォントを操作するためのさまざまなメソッドが用意されています。

● Rangeオブジェクトでフォントを操作するためのメソッド

メソッド	概要	使用例
setFontFamily	種類を設定	setFontFamily('Arial')
setFontSize	サイズをポイント数で設定	setFontSize(14)
setFontColor	色を指定	setFontColor('red')
setFontWeight	太さを設定	setFontWeight('bold')
setFontLine	装飾線（下線、取り消し線）を設定	setFontLine('underline')

フォントや背景などに色を指定する方法としては、色の名前で指定する方法と、**カラーコード**と呼ばれる色番号で指定する方法があります。

● 主な色名と対応するカラーコード

色名	カラーコード	色名	カラーコード
black	#000000	blue	#0000FF
white	#FFFFFF	yellow	#FFFF00
red	#FF0000	orange	#FFA500
green	#00FF00	purple	#800080

そのほかの色名やカラーコードを使いたい場合は、インターネットや書籍などで調べてみてください。

4 練習問題

正解は 276 ページ

プロジェクト内に新しいファイル「exercise3.gs」を追加し、以下の関数を作成・実行しなさい。

問題 3-1 ★☆☆

アクティブなセルのスプレッドシートの A1 に入力された数値を取得し、その数値が偶数であれば「偶数」、奇数であれば「奇数」とセル B1 に出力する関数を作りなさい。なお、関数名を problem1 とすること。

● 期待される実行結果①（偶数の場合）

	A	B	C	D
1	10	偶数		
2				
3				
4				

● 期待される実行結果②（奇数の場合）

	A	B	C	D
1	9	奇数		
2				
3				
4				

問題 3-2 ★☆☆

スプレッドシートをクリアし、セル A1 ～ A3 に「GAS!」と表示する関数を作成しなさい。なお、繰り返し処理にはwhileループを使用し、関数名をproblem2とすること。

- **期待される実行結果**

	A	B	C	D
1	GAS!			
2	GAS!			
3	GAS!			
4				

問題 3-3 ★★☆

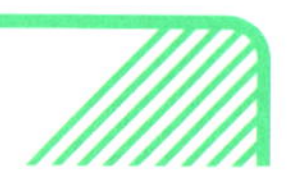

2 日目の例題 2-3(P.71)と同じ処理を行う関数を以下の手順で作成しなさい。なお、関数名を problem3 とすること。

(1) アクティブなシートの取得とクリア
(2) 文字列・数値の設定。次のようにセルに値を設定する

セル名	値	セル名	値
B3	科目	C3	点数
B4	英語	C4	80
B5	国語	C5	91
B6	数学	C6	74
B7	合計		

(3) B3:C3 を中央寄せにする
(4) B3:C7 に罫線
(5) セル C7 にセル C4 ～ C6 の合計値を設定する

- **期待される実行結果**

	A	B	C	D
1				
2				
3		科目	点数	
4		英語	80	
5		国語	91	
6		数学	74	
7		合計	245	
8				

4日目

配列とオブジェクト

1 配列

- 配列の基本を理解する
- 2 次元配列の基本を理解する
- 配列を使ってスプレッドシートを操作する

1-1 配列

- 配列の概念を理解する
- 配列の操作の基本を理解する
- 配列を使ってシートに行を追加する

大量のデータを扱う方法を学ぶ準備

4 日目では、大量のデータを扱う際に使用する配列とオブジェクトについて説明します。

ここまでと同様に、4 日目用のスプレッドシートを作成し、「lesson4」という名前を付けましょう。さらにプロジェクト名を「day4」、スクリプトのファイル名を「sample4-1.gs」に変えてください。

配列

ここまでに記述したスクリプトでは、1 つの変数に対して 1 つの値しか代入することができませんでした。しかし、**配列（Array）**を使うと大量のデータを 1 つの変数で管理できます。

配列に入れた個々のデータ（値）は**要素**といい、要素を管理する際は**添え字（そえ**

じ）という数字を使います。添え字は0からはじまり、1、2……と増えていきます。また、配列の要素の数を**配列の長さ**といいます。

• **配列のイメージ**

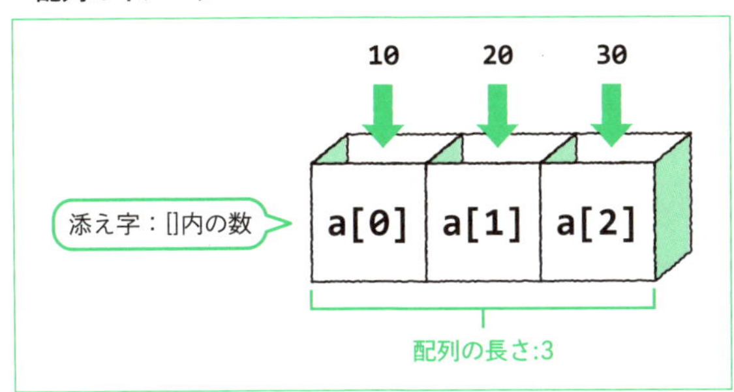

配列の中に3つのデータが入っている場合、配列の長さは3です。そして配列の長さが3の場合、添え字は0、1、2です。

重要

要素：配列に入れた個々のデータ（値）
添え字：配列の要素に振られた番号
配列の長さ：配列の要素の数

注意

配列の添え字は0からはじまります。

◉ 配列の書式

配列を作るときは、[ ] 内に「,」で区切って値を記述します。

• **配列を宣言する書式**

```
[値1, 値2, 値3, ...];
```

配列には、数値、文字列などさまざまなデータ型の値を入れることができ、異なるデータ型の値を入れることも可能です。また、何らかのオブジェクトや配列を配列に入れられます。

・配列の例

```
[1, 2, 3, 4, 5, 6]
['東京', '大阪', '名古屋']
[true, null, 1, 'Hello']
[[1,2], 1, [1,2,3]]
```

配列もほかのデータ型と同様に、変数に代入して使用します。

重要

- 1つの配列に、数値や文字列などデータ型が異なる値を入れられる
- 配列に配列を入れることができる

また、要素がない空の配列を作ることもできます。

・空の配列を宣言

```
[]
```

配列には、要素をあとから追加することが可能です。事前に空の配列が代入された変数を用意しておき、あとからデータを追加して使用します。

◎配列の宣言と値の取得

次のfunc4_1_1関数では、配列を作り、値を出力します。

sample4-1.gs（func4_1_1関数）

```
01 function func4_1_1() {
02   // 配列の値を設定
03   let animals = ['dog', 'cat', 'bird'];
04   // 配列の値を出力
05   console.log('animals[0]=' + animals[0]);
06   console.log('animals[1]=' + animals[1]);
07   console.log('animals[2]=' + animals[2]);
08 }
```

・実行結果

```
animals[0]=dog
animals[1]=cat
animals[2]=bird
```

func4_1_1関数では、次のようにして配列を宣言しています。

- let animals（func4_1_1関数／3行目）

```
let animals = ['dog', 'cat', 'bird'];
```

これにより長さ 3 の配列が生成されます。

- 配列のイメージ

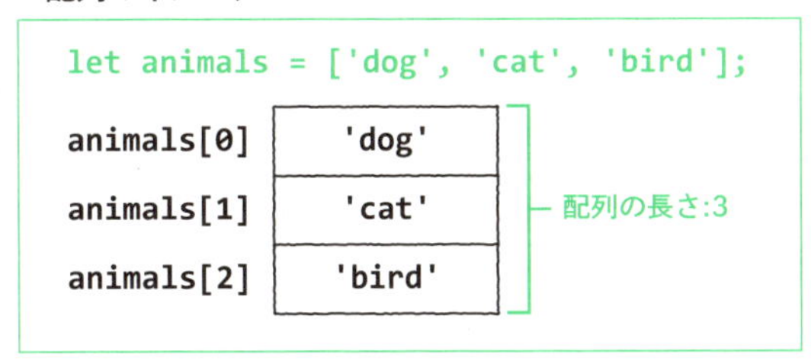

配列から値を取得するために、「変数名[添え字]」の形式で記述します。animals[0] で dog、animals[1] で cat、animals[2] で bird が得られます。

配列と for 文

配列の全要素にアクセスしたいときは、for 文を使うと大変便利です。

次の func4_1_2 関数では、for 文で繰り返し処理を行い、配列から全データを取得して出力します。

sample4-1.gs（func4_1_2関数）

```
10 function func4_1_2() {
11   // 配列の値を設定
12   let animals = ['dog', 'cat', 'bird'];
13   // 配列の長さを取得
14   console.log('配列の長さ:' + animals.length);
15   // for文を用いて配列の値を取得
16   for (let i = 0; i < animals.length; i++) {
17     console.log('animals['+i+']=' + animals[i]);
18   }
19 }
```

- 実行結果

```
配列の長さ:3
animals[0]=dog
```

```
animals[1]=cat
animals[2]=bird
```

for 文で繰り返しの回数として、配列の長さを使います。配列の長さは、length プロパティで取得できます。配列 animals の要素の数は 3 なので、length プロパティにより 3 が得られます。

- for文を用いて配列animalsの全要素へのアクセス（func4_1_2関数／16〜18行目）

```
for (let i = 0; i < animals.length; i++) {
  console.log('animals['+i+']=' + animals[i]);
}
```

変数 i は、0 から animals.length-1 まで、つまり 0 から 2 まで 1 つずつ変化します。変数 i が繰り返しで変化することにより、animals[0]、animals[1]、animals[2] となります。以上により、for ループで変数 animals のすべての要素を取得できるのです。

for 〜 of 文

配列の全要素にアクセスしたい場合は、for 〜 of 文を使う方法もあります。for 〜 of 文の書式は次のとおりです。

- for〜of文の書式

```
for (変数 of 配列) {
   処理
}
```

配列の中身を先頭から 1 つずつ取得して変数に代入し、{ } 内の処理を実行します。配列から最後の要素を取り出して処理を実行したあと、繰り返し処理が終了します。

実際に for 〜 of 文を試してみましょう。

sample4-1.gs（func4_1_3関数）

```
21 function func4_1_3() {
22   let animals = ['dog', 'cat', 'bird'];
23   // for〜of文で値を取得
24   for (let animal of animals) {
25     console.log(animal);
26   }
27 }
```

- 実行結果

```
dog
cat
bird
```

配列の値の変更・メソッドによる操作

次は配列に対してさまざまな操作を行ってみましょう。要素の変更や追加、削除などが行えます。

console.logの引数に配列を入れると、配列の要素がすべて出力されます。func4_1_4関数を実行し、どのように配列の要素が変化していくかを確認してみましょう。

sample4-1.gs (func4_1_4関数)

```
29 function func4_1_4() {
30   // 配列の値を設定
31   let animals = ['dog', 'cat', 'bird'];
32   console.log(animals);
33   animals[2] = 'lion';          // 2番目の値を「lion」に
34   console.log(animals);
35   animals.push('tiger');        // 末尾に「tiger」を追加
36   console.log(animals);
37   let data = animals.pop();     // 末尾を削除
38   console.log(animals);
39   console.log('削除されたデータ:' + data);
40   data = animals.shift();       // 先頭を削除
41   console.log(animals);
42   console.log('削除されたデータ:' + data);
43 }
```

- 実行結果

```
[ 'dog', 'cat', 'bird' ]
[ 'dog', 'cat', 'lion' ]
[ 'dog', 'cat', 'lion', 'tiger' ]
[ 'dog', 'cat', 'lion' ]
削除されたデータ:tiger
[ 'cat', 'lion' ]
削除されたデータ:dog
```

（1）値の変更

配列の要素を変更するには、配列の各要素に値を直接代入します。次の処理で配列animalsの2番目の要素が「lion」に変わります。

● 値の変更（func4_1_4関数／33行目）

```
animals[2] = 'lion';
```

● animals[2] = 'lion'

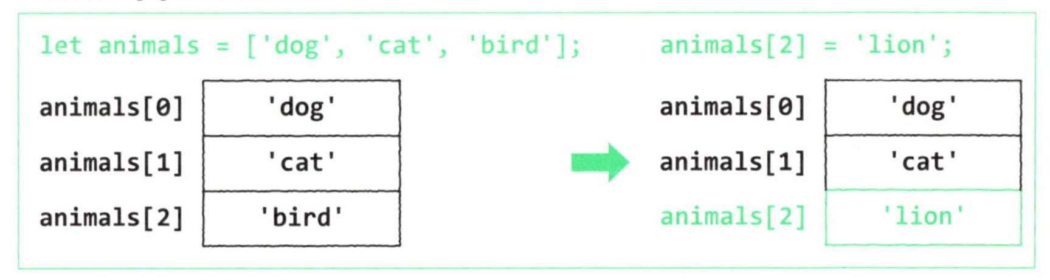

（2）値の追加

配列の末尾に要素を追加するには、pushメソッドを利用します。追加したい要素をpushメソッドの引数として渡します。次の処理を実行すると、配列animalsの末尾に「tiger」が追加されます。

● 末尾へのデータの追加（func4_1_4関数／35行目）

```
animals.push('tiger');
```

● animals.push('tiger')

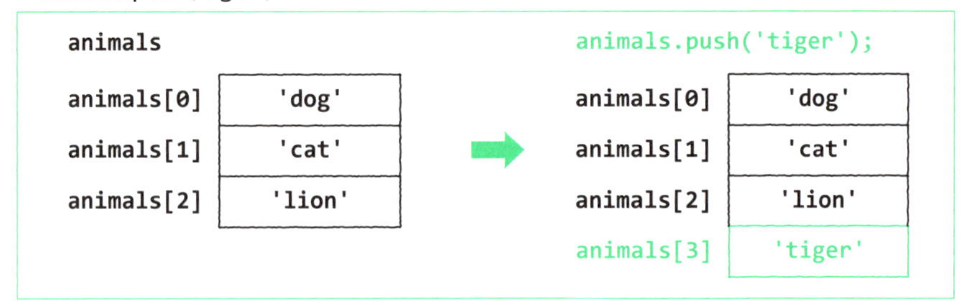

（3）末尾の削除

配列の末尾（配列の最後の要素）の要素を削除するには、popメソッドを利用します。

- 末尾のデータの削除（func4_1_4関数／37行目）

```
let data = animals.pop();
```

削除した値は戻り値として得られ、変数 data に代入されます。

- animals.pop()

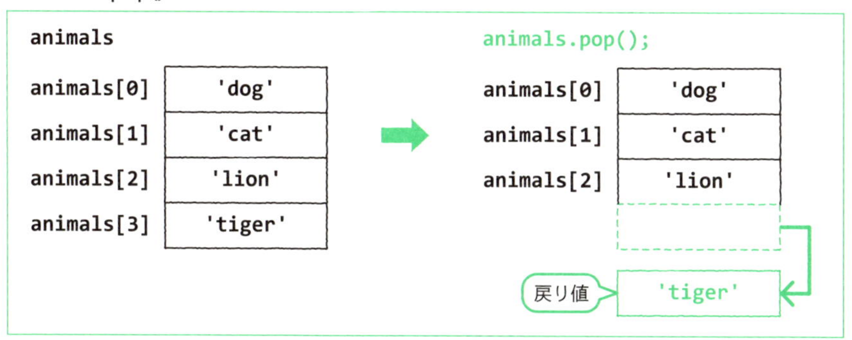

(4) 先頭の削除

配列の先頭（配列の最初の要素）の要素を削除するには、shift メソッドを利用します。

- 先頭のデータの削除（func4_1_4関数／40行目）

```
data = animals.shift();
```

削除した値は戻り値として得られ、変数 data に代入されます。

- animals.shift()

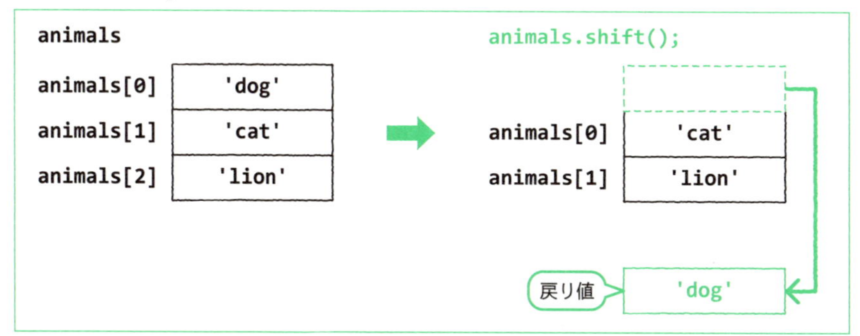

なお、配列の先頭の要素を削除すると、残された要素の添え字が順次繰り上げられます。

配列のさまざまなメソッド

func4_1_4 関数で使用したメソッド以外にも、配列を操作するメソッドは多数あります。配列の要素を変更するメソッドはよく使うため、使用したメソッドも含めてそのほかのメソッドも紹介しておきます。

● 配列を操作する主要なメソッド

メソッド名	処理内容
push(value)	配列の末尾にvalueを追加
unshift(value)	配列の先頭にvalueを追加
pop()	配列の末尾の要素を削除し、戻り値としてその値を返す
shift()	配列の先頭の要素を削除し、戻り値としてその値を返す
reverse()	配列の順序を逆転させる

配列とシートの操作

配列を使って、シートの操作を行ってみましょう。

配列を使ってシートに行を追加する

次の func4_1_5 関数を入力・実行してください。

sample4-1.gs（func4_1_5関数）

```
45 function func4_1_5() {
46   // アクティブなシートを取得しクリア
47   let sheet = SpreadsheetApp.getActiveSheet();
48   sheet.clear();
49   // シートに行を追加する
50   sheet.appendRow(['ABC', 'DEF']);
51   sheet.appendRow([1, 2, 3, 4, 5]);
52 }
```

- **実行結果**

lesson4
ファイル 編集 表示 挿入 表示形式 データ ツール 拡張機能 ヘルプ
100% ¥ % .0 .00 123 デフォ... 10 B I A
L30 fx

	A	B	C	D	E	F	G	H
1	ABC	DEF						
2	1	2	3	4	5			
3								
4								
5								
6								

Sheet オブジェクトの appendRow メソッドに配列を渡して呼び出すと、シートに新しい行を追加し、その配列の内容を追加した行のセルに設定します。

func4_1_5 関数では、アクティブなシートを取得してクリアし、appendRow メソッドでシートに 2 行追加しています。

◎シートを配列で取得する

スプレッドシートには、複数のシートを作ることができます。アクティブなスプレッドシートから、複数のシートを配列として取得できるので試してみましょう。

事前準備として、スプレッドシート「lesson4」にシートを 2 つ追加してください。スプレッドシートの画面下にある［+］（［シートの追加］）をクリックすると、シートを増やせます。

- **シートを増やす**

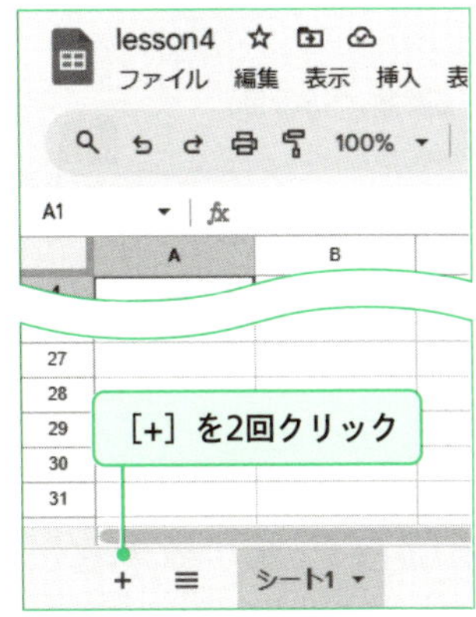

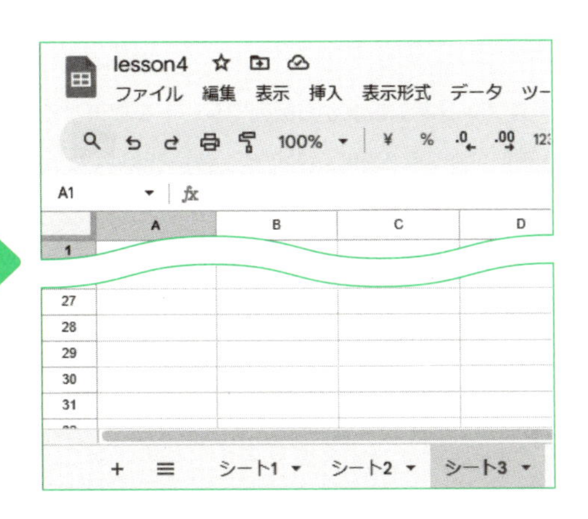

「シート 1」「シート 2」「シート 3」と、3 つのシートができました。

それでは実際に、次のfunc4_1_6関数を入力・実行して、複数のシートを取得してみましょう。

sample4-1.gs（func4_1_6関数）

```
54 function func4_1_6() {
55   // アクティブなスプレッドシートを取得
56   let spreadSheet = SpreadsheetApp.getActiveSpreadsheet();
57   // シートの一覧を取得
58   let sheets = spreadSheet.getSheets();
59   // lengthプロパティでシートの枚数を取得
60   console.log('シートの枚数:' + sheets.length);
61   // 各シートの名前を取得
62   for (let i = 0; i < sheets.length; i++) {
63     console.log(sheets[i].getName());
64   }
65 }
```

- **実行結果**

```
シートの枚数:3
シート1
シート2
シート3
```

最初にP.64で説明したgetActiveSpreadsheetメソッドを使って、アクティブなスプレッドシートを取得しています。

取得したスプレッドシートから、getSheetsメソッドですべてのシートを取得できます。

- **スプレッドシートから配列でシートを取得する（func4_1_6関数／58行目）**

```
let sheets = spreadSheet.getSheets();
```

シートは複数枚作れるため、getSheetsメソッドの戻り値は配列です。取得したすべてのシートを変数sheetsに代入し、「sheets.length」の値から、シートが3枚あることがわかります。

また配列sheetsの要素はSheetオブジェクトです。SheetオブジェクトのgetNameメソッドを呼び出すことで、シートの名前が得られます。繰り返し処理で、配列sheetsの要素に1つずつアクセスすることで、取得したスプレッドシートにあるすべてのシート名を出力できます。

● シートとsheetsの関係

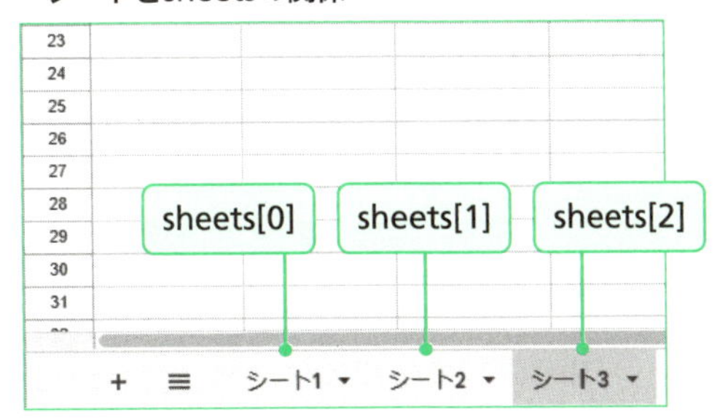

なお、SpreadSheet クラスには、Sheet 関連のメソッドが多数あります。ここで主要なものを紹介しておきます。

● SpreadSheetクラスのSheet関連のメソッド

メソッド名	処理内容
deleteActiveSheet()	アクティブなシートを削除する
deleteSheet(sheet)	引数に渡したシートを削除する
duplicateActiveSheet()	アクティブなシートを複製する
getSheetByName(name)	nameで指定した名前のシートを取得する
insertSheet(name)	nameで与えた名前のシートを新しく追加

例題 4-1 ★☆☆

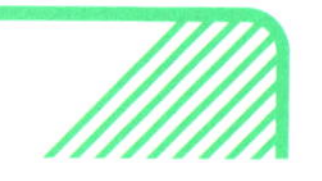

アクティブなセルをクリアしたあと、次の配列 animals の要素をスプレッドシートのセル A1 から C1 に設定する関数を作りなさい。なお、関数名は example4_1 とし、配列 animal の各要素の取得およびセルの操作には for 文を使いなさい。

- **使用する配列**

```
let animals = ['dog', 'cat', 'bird'];
```

- **期待される実行結果**

	A	B	C	D
1	dog	cat	bird	
2				
3				
4				

解答例と解説

同様な処理は appendRow メソッドを使えば 1 回でできますが、for 文を使う場合には次のようになります。

なお、配列の添え字は 0 からはじまるのに対し、getRange で位置を指定する番号は 1 からはじまるので、添え字を表す変数 i に 1 を足して場所を指定する必要があります。

sample4-1.gs（example4_1関数）

```
67 function example4_1() {
68   // アクティブなシートをクリア
69   let sheet = SpreadsheetApp.getActiveSheet();
70   sheet.clear();
71   // 配列の値を設定
72   let animals = ['dog', 'cat', 'bird'];
73   // A1~C1に値配列の値を埋める
74   for (let i=0; i < animals.length; i++) {
75     sheet.getRange(1,i+1).setValue(animals[i]);
76   }
77 }
```

1-2 2 次元配列と表

POINT

- 2 次元配列の概念を理解する
- 2 次元配列とスプレッドシートの間でデータをやり取りする
- 複数のセルを配列で管理する

2 次元配列を学ぶための準備

配列を要素とする配列、つまり入れ子構造になった配列を作ることができます。このような配列を **2 次元配列**といいます。2 次元配列に対し、ここまでに学んだ要素が 1 行にまとまった配列を **1 次元配列**といいます。2 次元配列は、行と列で要素を入れることができるため、スプレッドシートの表のデータを扱う際に大変便利です。

ここからのスクリプトは、ファイル「sample4-2.gs」を作成して、入力·実行を行ってください。

◎ 2次元配列の作り方

次の func4_2_1 関数は、2 次元配列を作っています。入力・実行してみましょう。

sample4-2.gs（func4_2_1 関数）

```
01 function func4_2_1() {
02   // 2次元配列
03   let staff = [
04     ['佐藤', 41, '東京'],
05     ['鈴木', 25, '大阪'],
06     ['林', 34, '札幌']
07   ];
08   console.log(staff[0]);
09   console.log(staff[1][2]);
10   console.log('幅:' + staff.length);
11   console.log('高さ:' + staff[0].length);
12 }
```

- 実行結果

```
[ '佐藤', 41, '東京' ]
大阪
幅:3
高さ:3
```

◉ 2次元配列の表記

2 次元配列は配列が入れ子になった構造で、1 行で書くと次のような状態になります。

- 2次元配列を1行で作る

```
let staff = [['佐藤',41,'東京'], ['鈴木',25,'大阪'], ['林',34,'札幌']];
```

配列を作るとき、[ ] の前後や、要素を区切る ,（カンマ）のあとに改行を入れることができます。2 次元配列を作るときは、次のように行ごとに改行すると、行・列の関係性が視覚的にわかりやすくなります。

- 2次元的な表現

```
let staff = [
  ['佐藤', 41, '東京'],
  ['鈴木', 25, '大阪'],
  ['林', 34, '札幌']
];
```

◉ 配列の行・要素の取得

2 次元配列の添え字の関係を表すと、次のようにまとめられます。

- 2次元配列のイメージ

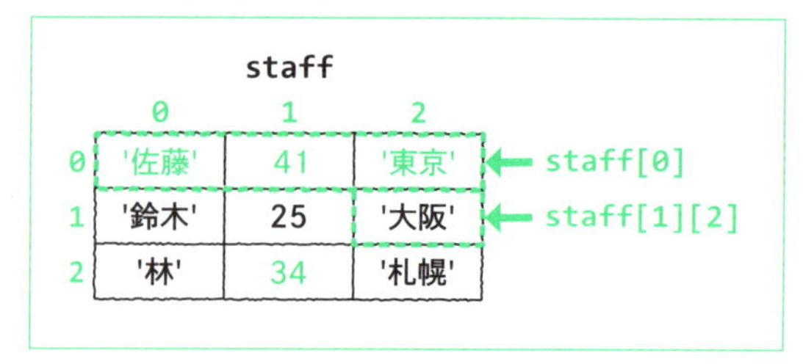

外側の配列の添え字は行、内側の配列の添え字は列のようなもので、0 行 0 列目からはじまります。staff[0] は 0 行目の 1 次元配列 ['佐藤', 41, '東京'] となります。また、staff[1][2] とすると、1 行 2 列目の値である「大阪」が得られます。

重要

2 次元配列の要素にアクセスするには、行・列の順で引数を 2 つ指定します。

幅と高さの取得

func4_2_1 関数の変数 staff の場合、staff.length で外側の配列の要素数が取得できます。これは表の高さ（行数）のようなものです。また staff[0].length では、内側の配列の要素数を取得でき、表の幅（列）として捉えることができます。

• 2次元配列の幅・高さのイメージ

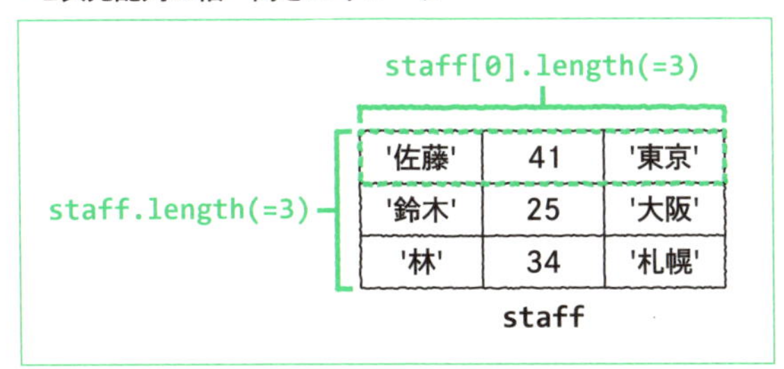

スプレッドシートに 2 次元配列のデータを設定する

さまざまな方法でスプレッドシートに 2 次元配列のデータを設定してみましょう。

for文の2重ループを使った値の設定

次の func4_2_2 関数を入力・実行してください。

sample4-2.gs（func4_2_2関数）

```
14 function func4_2_2() {
15   // 2次元配列
16   let staff = [
17     ['佐藤', 41, '東京'],
18     ['鈴木', 25, '大阪'],
19     ['林', 34, '札幌']
20   ];
```

```
21    // アクティブなシートを取得しクリア
22    let sheet = SpreadsheetApp.getActiveSheet();
23    sheet.clear();
24    // forの2重ループで2次元配列のデータを設定
25    for (let row = 0; row < staff.length; row++) {
26      for (let column = 0; column < staff[row].length; column++) {
27        sheet.getRange(row+1,column+1).setValue(staff[row][column]);
28      }
29    }
30  }
```

● **実行結果**

lesson4
ファイル 編集 表示 挿入 表示形式 データ ツール 拡張機能 ヘルプ

K26

	A	B	C	D	E	F	G	H
1	佐藤	41	東京					
2	鈴木	25	大阪					
3	林	34	札幌					
4								
5								
6								

アクティブなシートを取得してクリアしたあと、2重ループでシートに値を設定しています。変数 row は行数、変数 column は列数の指定に使用しています。**スプレッドシートの行・列の番号はそれぞれ1からはじまるため、getRange メソッドで引数を渡すとき、セルの位置は row+1、column+1 となります**。さらに setValue メソッドで配列 staff から要素を取得して、セルに値をセットしています。

● **スプレッドシートと配列の行・列番号の対応**

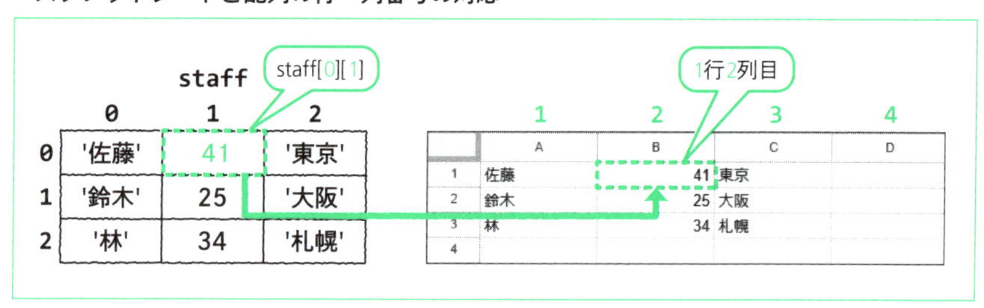

例えば配列 staff[0][1] の値は、スプレッドシートの1行2列（B1）に設定されます。

スプレッドシートの行・列の番号は１から、配列の行・列の番号は０からはじまります。

◎ Rangeオブジェクトを使った操作

今度はRangeオブジェクトを使って、シートを操作してみましょう。

sample4-2.gs（func4_2_3関数）

```
32 function func4_2_3() {
33   // 2次元配列
34   let staff = [
35     ['佐藤', 41, '東京'],
36     ['鈴木', 25, '大阪'],
37     ['林', 34, '札幌']
38   ];
39   // アクティブなシートを取得しクリア
40   let sheet = SpreadsheetApp.getActiveSheet();
41   sheet.clear();
42   // シートにデータを展開
43   sheet.getRange(1,1,staff.length,staff[0].length).setValues(staff);
44 }
```

func4_2_2関数と同じ結果が得られます。

func4_2_3関数では、次の方法で指定した範囲のセル（Rangeオブジェクト）を取得しています。

- **シートから数値でRangeオブジェクトを取得する**

```
Sheetオブジェクト.getRange(行番号, 列番号, 行数, 列数)
```

Rangeオブジェクトに複数のセルが入っている場合、**setValueではなく、setValuesメソッドを使って値を設定**します。

- **複数のセルに対する値の設定**

```
Rangeオブジェクト.setValues(配列)
```

Rangeオブジェクトが示す範囲がm行n列であった場合、引数としてm行n列の２次元配列を指定する必要があります。そのためfunc4_2_3関数では、あらかじめRangeオブジェクトの高さをstaff.length、幅をstaff[0].lengthにして、staffと同じ高さ・幅にしてあります。

• 配列の幅・高さからRangeオブジェクトの幅・高さを指定

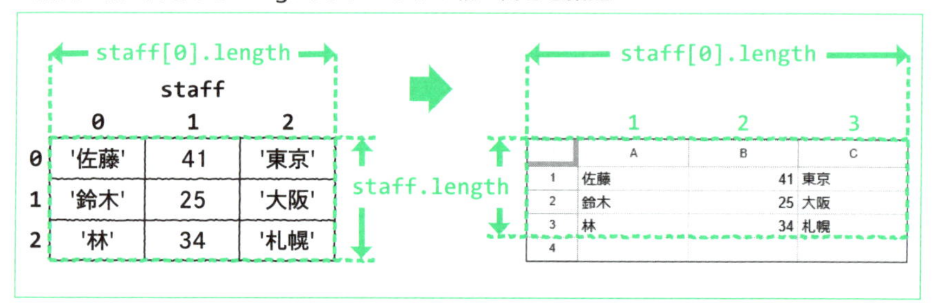

◉ シートから値を配列で取り出す

シートに設定されている値を表形式の2次元配列で取得してみましょう。func4_2_3関数を実行し、アクティブなシートにデータがある状態で次のfunc4_2_4関数を実行してください。

sample4-2.gs (func4_2_4関数)

```
46 function func4_2_4() {
47   // アクティブなシートを取得しクリア
48   let sheet = SpreadsheetApp.getActiveSheet();
49   // 最終行・最終列の値を取得
50   let lastRow = sheet.getLastRow();
51   let lastColumn = sheet.getLastColumn();
52   // シートにデータを展開
53   let staff = sheet.getRange(1,1,lastRow,lastColumn).getValues();
54   // 取得した2次元配列を出力
55   console.log(staff);
56 }
```

• 実行結果

```
[ [ '佐藤', 41, '東京' ], [ '鈴木', 25, '大阪' ], [ '林', 34, '札幌' ] ]
```

値が設定された領域の高さをgetLastRowメソッド、幅をgetLastColumnメソッドで取得し、それをもとにgetRangeメソッドで取得するセルの領域を指定しています。そして、getValuesメソッドでセルに設定されている値を取得しています。

- 領域の幅・高さから配列の幅・高さを取得

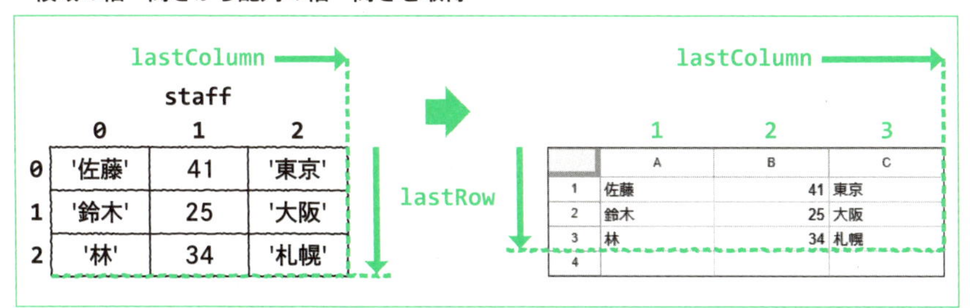

getValues メソッドは、複数のセルを持つ Range オブジェクトからデータを取得するメソッドで、戻り値は配列です。そのため、func4_2_3 関数の配列 staff と同じ要素を持つ配列が得られます。

例題 4-2 ★☆☆

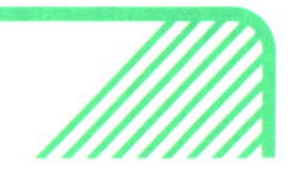

次の 2 次元配列のデータは、試験の各科目の名前と点数を表したものです。配列を先頭行のタイトル部分と、データの中身に分割して表示する関数を作りなさい。なお、関数名は example4_2 とすること。

- **試験の点数のデータ**

```
let data = [
  ['科目', '点数'],
  ['英語', 80],
  ['国語', 91],
  ['数学', 74],
];
```

- **期待される実行結果**

```
タイトル:
[ '科目', '点数' ]
data(変更後):
[ [ '英語', 80 ], [ '国語', 91 ], [ '数学', 74 ] ]
```

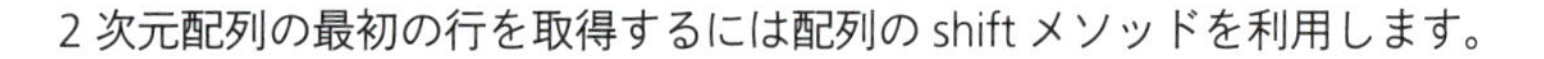

解答例と解説

2 次元配列の最初の行を取得するには配列の shift メソッドを利用します。

sample4-2.gs (example4_2 関数)

```
58 function example4_2() {
59   let data = [
60     ['科目', '点数'],
61     ['英語', 80],
62     ['国語', 91],
63     ['数学', 74],
64   ];
65   let title = data.shift();
66   console.log('タイトル:');
67   console.log(title);
68   console.log('data(変更後):');
69   console.log(data);
70 }
```

2 オブジェクト

- オブジェクトの操作を学ぶ
- オブジェクトを使って表の検索を行う
- スプレッドシートに新しい機能を追加する

2-1 プロパティのみのオブジェクト

POINT

- プロパティのみを持つオブジェクトを作る
- プロパティに値を設定する
- プロパティの更新・追加・削除を行う

オブジェクトを作る

Sheet オブジェクトやRange オブジェクトなど、オブジェクトを取得して使う方法を学んできました。ここでは、オブジェクトを作成して、利用する方法について学んでいくことにします。

ここからのスクリプトは、ファイル「sample4-3.gs」を作成して、入力･実行を行ってください。

◎ オブジェクトの生成方法

オブジェクトにはプロパティとメソッドがありますが、まずは**プロパティのみのオブジェクトの作り方・使い方を学んでいきましょう**。

プロパティのみを持つオブジェクトは、次の方法で生成できます。

- **オブジェクトを生成する書式**

```
let 変数名 = {プロパティ名1:値1, プロパティ名2:値2, …}
```

オブジェクトから値へアクセスする方法は 2 つあります。

- **オブジェクトのプロパティにアクセスする書式①**

```
変数名.プロパティ名
```

- **オブジェクトのプロパティにアクセスする書式②**

```
変数名['プロパティ名']
```

これによりプロパティの値を取得したり、設定したりできます。

重要

プロパティにアクセス方法は 2 つあります。

- 変数名 . プロパティ名
- 変数名 [' プロパティ名 ']

◎ 独自のオブジェクトを生成する

次の func4_3_1 関数では、オブジェクトを生成し、オブジェクトのプロパティの取得を行っています。sample4-3.gs に入力・実行してください。

sample4-3.gs (func4_3_1関数)

```
01 function func4_3_1() {
02   // オブジェクトの作成
03   let fruits = {apple:'りんご', banana:'バナナ', orange:'オレンジ'};
04   console.log(fruits);              // オブジェクトの内容を出力
05   console.log(fruits.apple);        // プロパティ「apple」の内容を表示
06   console.log(fruits['banana']);    // プロパティ「banana」の内容を表示
07 }
```

- **実行結果**

```
{ apple: 'りんご', banana: 'バナナ', orange: 'オレンジ' }
りんご
バナナ
```

オブジェクト内のプロパティ名と値の組み合わせは、console.logで表示できます。またfunc4_3_1関数では、プロパティのappleとbananaが持つ値を違う方法で取得しています。「fruits.apple」は「fruits['apple']」と書き換えることができ、「fruits['banana']」は「fruits.banana」と書き換えることができます。

- オブジェクトfruit

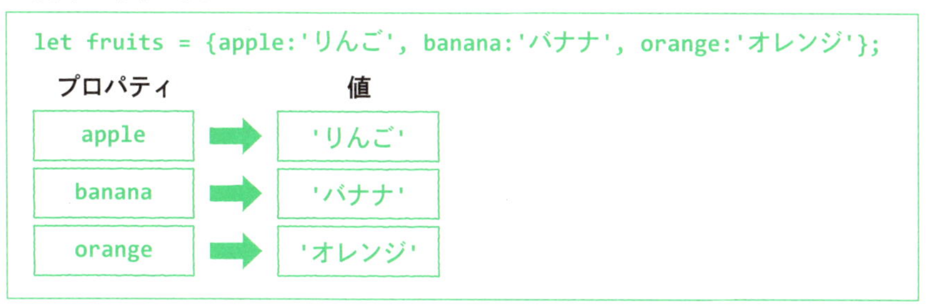

プロパティの値を変更する

プロパティの値は変更や追加、削除することが可能です。

次のfunc4_3_2関数は、fruitsオブジェクトが持つプロパティの値を変更しています。

sample4-3.gs (func4_3_2関数)

```
09 function func4_3_2() {
10   // オブジェクトの作成
11   let fruits = {apple:'りんご', banana:'バナナ', orange:'オレンジ'};
12   console.log(fruits);
13   fruits.apple = '林檎';        // プロパティ「apple」の内容を変更
14   console.log(fruits);
15   fruits.grape = 'ぶどう';      // プロパティ「grape」を追加(値はぶどう)
16   console.log(fruits);
17   delete fruits.orange;         // プロパティ「orange」を削除
18   console.log(fruits);
19 }
```

- 実行結果

```
{ apple: 'りんご', banana: 'バナナ', orange: 'オレンジ' }
{ apple: '林檎', banana: 'バナナ', orange: 'オレンジ' }
{ apple: '林檎', banana: 'バナナ', orange: 'オレンジ', grape: 'ぶどう' }
{ apple: '林檎', banana: 'バナナ', grape: 'ぶどう' }
```

◉ 値の変更と追加

プロパティの値を変更したり、プロパティを追加したりする場合は、次のように書きます。

• **プロパティの値の変更と追加①**

```
オブジェクト.プロパティ名 = 値;
```

• **プロパティの内容の追加・変更②**

```
オブジェクト['プロパティ名'] = 値;
```

オブジェクトがあらかじめプロパティを保持している場合、値が変更されます。保持していない場合は、プロパティとその値が追加されます。

次の処理により、プロパティ apple の値が、「りんご」から「林檎」に変更されます。

• **プロパティappleの変更①（func4_3_2関数／13行目）**

```
fruits.apple = '林檎';
```

• **プロパティappleの値を「林檎」に変更する**

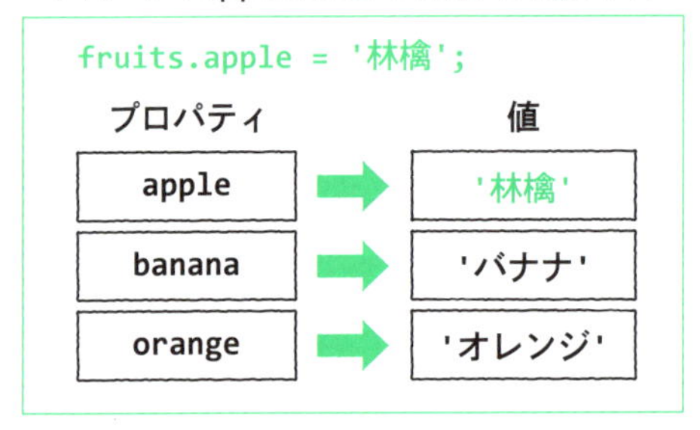

これは次のように書き換えることができます。

• **プロパティappleの変更②**

```
fruits['apple'] = '林檎';
```

次の処理では、プロパティ「grape」が追加され、「ぶどう」という値が設定されます。

- プロパティgrapeの追加①（func4_3_2関数／15行目）

```
fruits.grape = 'ぶどう';
```

これも次のように書き換えることができます。

- プロパティgrapeの追加②

```
fruits['grape'] = 'ぶどう';
```

- プロパティgrapeを追加し、値を「ぶどう」に変更する

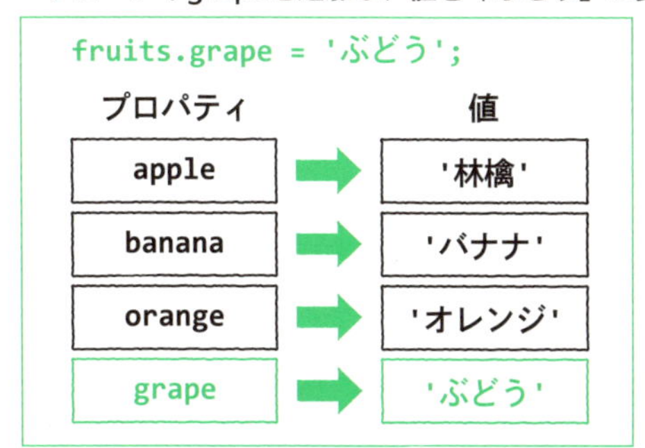

◎ プロパティを削除する

プロパティを削除するときは、delete を使います。

- プロパティの削除①

```
delete オブジェクト名.プロパティ名;
```

これも次のように記述することができます。

- プロパティの削除②

```
delete オブジェクト['プロパティ名'];
```

次の処理を実行すると、プロパティ orange が削除されます。

- プロパティ「orange」の削除①（func4_3_2関数／17行目）

```
delete fruits.orange;
```

これは次のように記述しても構いません。

- プロパティ「orange」の削除②

```
delete fruits['orange'];
```

- プロパティ「orange」の削除

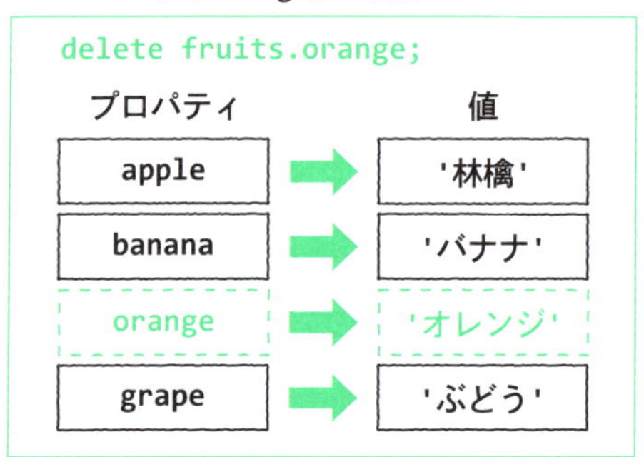

オブジェクトとfor文

for文を使って、オブジェクトのプロパティから値を取得してみましょう。

for～in文でオブジェクトのプロパティを取得する

オブジェクトが持つプロパティをfor～in文で出力することができます。

- for～in文の書式

```
for (変数 in オブジェクト) {
    処理
}
```

次のサンプルでは、実際にfruitsオブジェクトのプロパティをfor～in文ですべて取得し出力しています。

sample4-3.gs（func4_3_3関数）

```
21 function func4_3_3() {
22   let fruits = {apple:'りんご', banana:'バナナ', orange:'オレンジ'};
23   for (let property in fruits) {
24     console.log(property);
```

```
25    }
26  }
```

- 実行結果

```
apple
banana
orange
```

配列は添え字により要素の順番が決まっていますが、オブジェクトのプロパティには順番がありません。そのため、どのような順番で出力されるかはわかりません。

◎ プロパティと値の組み合わせを出力する

for ～ in 文を用いるとオブジェクト内のすべてのプロパティと値の組み合わせを得ることが出来ます。

sample4-3.gs（func4_3_4関数）

```
28  function func4_3_4() {
29    let fruits = {apple:'りんご', banana:'バナナ', orange:'オレンジ'};
30    for (let property in fruits) {
31      let value=fruits[property];
32      console.log('プロパティ名:' + property + ' 値:' + value);
33    }
34  }
```

- 実行結果

```
プロパティ名:apple 値:りんご
プロパティ名:banana 値:バナナ
プロパティ名:orange 値:オレンジ
```

このサンプルでは、func4_3_3 関数と同様に for ～ in 文を使い、配列 fruits のプロパティ名を取得し、変数 property に代入しています。

このとき、変数 property に代入されている値は fruits[property] によって取得できるので、オブジェクト内のすべてのプロパティと値の組み合わせを得ることができます。

2-2 オブジェクトの応用事例

- スプレッドシートでのオブジェクトの応用事例を学ぶ
- 表の並べ替えの方法の指定にオブジェクトを使う

表の並べ替えを行う

オブジェクトの応用として、スプレッドシートの表の並べ替えをしてみましょう。

ここからのスクリプトは、ファイル「sample4-4.gs」を作成して、入力·実行を行ってください。

表の作成

まずは並べ替えをする表を準備しましょう。次の func4_4_1 関数を入力し、実行してください。

sample4-4.gs (func4_4_1関数)

```
01 function func4_4_1() {
02   const taskData = [
03     ['タスクID', '開始日', '終了日', '優先順位', '担当者', 'タスク内容'],
04     ['T001', '2024-01-01', '2024-01-05', 3, '佐藤', '計画立案'],
05     ['T002', '2024-01-03', '2024-01-10', 5, '田中', '市場調査'],
06     ['T003', '2024-01-05', '2024-01-07', 2, '佐藤', '仕様書確認'],
07     ['T004', '2024-01-10', '2024-01-15', 4, '高橋', '予算策定'],
08     ['T005', '2024-01-08', '2024-01-12', 1, '伊藤', 'レビュー'],
09     ['T006', '2024-01-11', '2024-01-21', 5, '佐々木', '資料作成'],
10     ['T007', '2024-01-15', '2024-01-18', 3, '中村', '開発環境構築'],
11     ['T008', '2024-01-17', '2024-01-21', 2, '田中', 'テスト作成'],
12     ['T009', '2024-01-20', '2024-01-25', 4, '山本', '日程調整'],
13     ['T010', '2024-01-22', '2024-01-30', 5, '佐藤', '最終レビュー']
14   ];
15   // アクティブなシートを取得しクリアする
16   let sheet = SpreadsheetApp.getActiveSheet();
17   sheet.clear();
18   // 配列のサイズに合わせた範囲に一括でデータを挿入
19   let range = sheet.getRange(1, 1, taskData.length, taskData[0].length);
```

```
20    range.setValues(taskData);
21  }
```

- 実行結果

lesson4
ファイル 編集 表示 挿入 表示形式 データ ツール 拡張機能 ヘルプ

	A	B	C	D	E	F	G	H
1	タスクID	開始日	終了日	優先順位	担当者	タスク内容		
2	T001	2024-01-01	2024-01-05	3	佐藤	計画立案		
3	T002	2024-01-03	2024-01-10	5	田中	市場調査		
4	T003	2024-01-05	2024-01-07	2	佐藤	仕様書確認		
5	T004	2024-01-10	2024-01-15	4	高橋	予算策定		
6	T005	2024-01-08	2024-01-12	1	伊藤	レビュー		
7	T006	2024-01-11	2024-01-21	5	佐々木	資料作成		
8	T007	2024-01-15	2024-01-18	3	中村	開発環境構築		
9	T008	2024-01-17	2024-01-21	2	田中	テスト作成		
10	T009	2024-01-20	2024-01-25	4	山本	日程調整		
11	T010	2024-01-22	2024-01-30	5	佐藤	最終レビュー		
12								
13								

スプレッドシート「lesson4」のアクティブなシートに、データが設定されます。これはタスクリストで、タスクID、開始日、終了日、優先順位、担当者、タスク内容から構成されています。優先順位は1～5の数値で表され、大きいほど高いと考えるものとします。

◎ タスクリストを並べ替える

このような表を作るとき「優先順位が高く、かつ終了日が近いものから並べ替えたい」ものです。では、どのように並べ替えればよいのでしょうか？

前述のシートがアクティブな状態で、次のfunc4_4_2関数を実行してみましょう。

sample4-4.gs（func4_4_2関数）

```
23  function func4_4_2() {
24    // アクティブなシートを読み出す
25    let sheet = SpreadsheetApp.getActiveSheet();
26    // データの末端を取得
27    let lastRow = sheet.getLastRow();
28    let lastColumn = sheet.getLastColumn();
29    // データを取得する
30    let range = sheet.getRange(2, 1, lastRow, lastColumn);
```

4日目 配列とオブジェクト

```
31    // 4列目（優先順位）で降順、3列目（終了日）で昇順、で並べ替え
32    range.sort([
33      {column:4, ascending:false},    // 4列目（優先順位）で降順の並べ替え
34      {column:3, ascending:true}      // 3列目（終了日）で昇順の並べ替え
35    ]);
36  }
```

● 実行結果

	A	B	C	D	E	F	G	H
1	タスクID	開始日	終了日	優先順位	担当者	タスク内容		
2	T002	2024-01-03	2024-01-10	5	田中	市場調査		
3	T006	2024-01-11	2024-01-21	5	佐々木	資料作成		
4	T010	2024-01-22	2024-01-30	5	佐藤	最終レビュー		
5	T004	2024-01-10	2024-01-15	4	高橋	予算策定		
6	T009	2024-01-20	2024-01-25	4	山本	日程調整		
7	T001	2024-01-01	2024-01-05	3	佐藤	計画立案		
8	T007	2024-01-15	2024-01-18	3	中村	開発環境構築		
9	T003	2024-01-05	2024-01-07	2	佐藤	仕様書確認		
10	T008	2024-01-17	2024-01-21	2	田中	テスト作成		
11	T005	2024-01-08	2024-01-12	1	伊藤	レビュー		

実行結果からわかるとおり、優先順位の高い「5」から順番に並べ替えられており、さらに同じ優先順位のものは、終了日が近いものが上になっています。これは優先順位が降順（大きいデータから小さいデータの順）に並べ変えられ、さらに優先順位が同じものの中で日付が昇順（小さいデータから大きいデータの順）に並べ替えられているためです。

なお、日付データは、過去の日付が小さく、未来の日付が大きいと考えます。

● 優先順位を降順、終了日時を降順で並べ替える

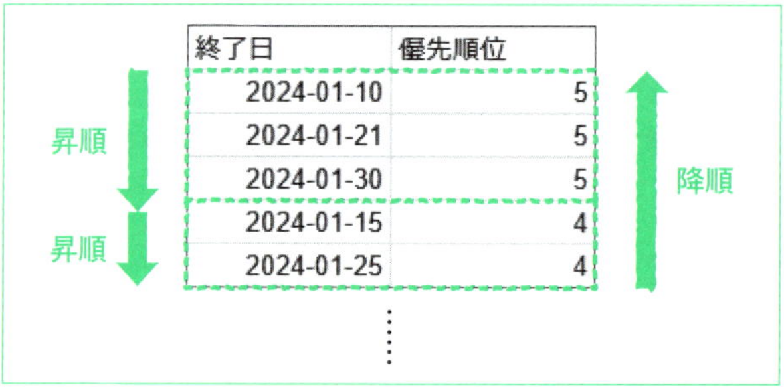

終了日	優先順位
2024-01-10	5
2024-01-21	5
2024-01-30	5
2024-01-15	4
2024-01-25	4
⋮	

昇順
昇順
降順

◎ sortメソッドによる並べ替え

並べ替えは、Range オブジェクトの sort メソッドを利用しています。次のように、引数で並べ替え対象の列番号を指定します。

- sortメソッドの使い方①

```
Rangeオブジェクト.sort(列番号)
```

しかしこの方法の場合、特定の列をキーにした昇順での並べ替えになります。並べ替え方法を細かく指定したい場合は、次のように指定します。

- sortメソッドの使い方②

```
Rangeオブジェクト.sort([
  {column:列番号, ascending:論理値},
  {column:列番号, ascending:論理値},
  ...
]);
```

引数として、オブジェクトが要素の配列（配列オブジェクト）を指定します。配列に入れているオブジェクトは、次のようなプロパティを持っています。

- 配列オブジェクトの並べ替えを指定するオブジェクトのプロパティ

名前	概要
column	列番号を表す
ascending	昇順であるかを表すフラグ。trueなら昇順、falseなら降順

並べ替えを指定したい列の数だけ、column と ascending をプロパティに持つオブジェクトを配列で渡すと、指定したとおりに並べ替えてくれます。**なお、配列の先頭から順番に並べ替えの優先度が設定されます**。

注意

配列オブジェクトで指定した並べ替えのルールは、配列の先頭にあるものから先に実行されます。

◉並べ替えの流れ

func4_4_2 関数ではどのような流れで並べ替えをしているのかを見てみましょう。

(1) 並べ替えの範囲の指定

並べ替える範囲は、次のようにして取得しています。

- **並べ替えの範囲の指定**（func4_4_2関数／30行目）

```
let range = sheet.getRange(2, 1, lastRow, lastColumn);
```

変数 lastRow はデータがある範囲の最終行、変数 lastColumn は最終列が代入されています。ここでは、**取得する範囲の先頭行として「2」が設定されていることに注目しましょう。これは 1 行に各列のタイトルが入っており、並べ替えの範囲から除外する必要があるためです**。

並べ替えを行うときによくある間違いとして、タイトルの行も含めて並べ替えをしてしまうことです。

注意

並べ替えをするときは、列のタイトル部分の行を除外しましょう。

(2) sort メソッドによる並べ替え

sort メソッドは、次のような配列オブジェクトを引数にしています。

- **表の並べ替え処理**（func4_4_2関数／32〜35行目）

```
range.sort([
  {column:4, ascending:false},    // 4列目（優先順位）で降順の並べ替え
  {column:3, ascending:true}      // 3列目（終了日）で昇順の並べ替え
]);
```

（1）で取得した範囲に対し、4 列目（優先順位）で降順に並べ替えを行います。これにより、優先順位の高いものほど上になります。さらにその結果を、3 列目（終了日）で昇順に並べ替えています。これにより、優先順位が同じ場合、終了日が近いものが上になるのです。

3 練習問題

正解は 279 ページ

プロジェクト内に新しいファイル「exercise4.gs」を追加し、以下の関数を作成・実行しなさい。

問題 4-1 ★☆☆

次に示す配列の数値の合計を計算し、その結果を console.log で出力する関数を作りなさい。なお、関数名は problem1 とすること。

- **使用する配列**

```
[1, 3, 5, 7, 3, 2, 1, 8, 4]
```

- **期待する実行結果**

```
合計値:34
```

問題 4-2 ★★☆

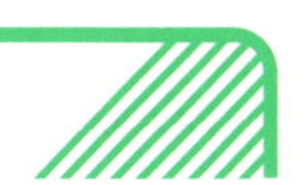

3 日目の問題 3-3（P.106）と同じ処理を行う関数を以下の手順で作成しなさい。なお、関数名を problem2 とすること。

（1）アクティブなシートの取得とクリア
（2）B3 ～ C7 の範囲に次の 2 次元配列を設定する

• **展開する2次元配列**

```
[
  ['科目', '点数'],
  ['英語', 80],
  ['国語', 91],
  ['数学', 74],
  ['合計', 0]
];
```

(3) B3:C3を中央寄せにする

(4) B3:C7に罫線を設定する

(5) C7にC4～C6の合計を設定する

• **期待される実行結果**

	A	B	C	D
1				
2				
3		科目	点数	
4		英語	80	
5		国語	91	
6		数学	74	
7		合計	245	
8				

問題4-3 ★★☆

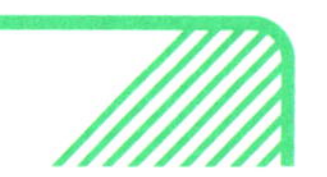

次のproblem3関数に対し、(1)～(5)の処理を追加して、関数を完成させなさい。
このあとに、次の処理を追加して関数を完成させなさい。

• exercise4.gs(problem3関数)

```
function problem3() {
  let countries = {
    Japan:'日本',
    USA:'アメリカ',
    China:'中国',
    Korea:'韓国'
  };
  // このあとに処理を追加

}
```

(1) プロパティ「Germany」を追加し、値を「ドイツ」とする。
(2) プロパティ「Korea」の値を「大韓民国」に変更する。
(3) プロパティ「China」を削除する。
(4) スプレッドシートのアクティブなシートを取得し、取得したシートをクリアしたうえでオブジェクトを表として出力する。表の見出しとして、1列目に「英語」、2列目に「日本語」を設定すること。
(5) 表に罫線を設定し、文字は中央寄せにする。また、最初の行のみ太字にする。

• **期待される実行結果**

	A	B	C	D
1	**英語**	**日本語**		
2	Japan	日本		
3	USA	アメリカ		
4	Korea	大韓民国		
5	German	ドイツ		
6				

問題 4-4 ★★☆

Sheet オブジェクトの appendRow メソッドを利用し、func4_2_2 関数（P.123）、func4_2_3 関数（P.125）と同じ結果を得られる関数を作りなさい。なお、関数名を problem4 とすること。

• **期待される実行結果**

	A	B	C	D
1	佐藤	41	東京	
2	鈴木	25	大阪	
3	林	34	札幌	
4				
5				
6				

MEMO

5日目

ユーザー定義関数・メソッド

1 ユーザー定義関数

- ユーザー定義関数を利用する
- スコープの概念を理解する
- 関数オブジェクトを理解する

1-1 ユーザー定義関数

- 関数とは何かについて学習する
- ユーザー定義関数について学習する
- さまざまな関数を定義してみる

ユーザー定義関数について学ぶための準備

ユーザー定義関数とは、ユーザーが独自に定義する関数のことです（P.14）。私たちはすでにfunc3_1_1、func4_1_1などの関数を作ってきましたが、これらもユーザー定義関数です。ここではさらにユーザー定義関数について深く学んでいくことにしましょう。

新しいスプレッドシートを作成し「lesson5」という名前を付けましょう。プロジェクト名を「day5」、スクリプトの名前を「sample5-1.gs」にしてください。

ユーザー定義関数からユーザー定義関数を呼び出す

次のスクリプトでは、func5_1_1関数とavg関数を定義しています。入力したあと、func5_1_1関数を実行する関数として選択し、実行してください。

sample5-1.gs（func5_1_1関数、avg関数）

```
01 function func5_1_1() {
02   let num1 = 11, num2 = 16;
03   // 関数の呼び出し
04   let n = avg(num1, num2);
05   console.log(num1 + 'と' + num2 + 'の平均値:' + n);
06 }
07
08 function avg(n1, n2) {
09   let n = (n1 + n2) / 2.0;
10   return n;
11 }
```

- **実行結果**

```
11と16の平均値:13.5
```

実行すると、11 と 16 の平均値が avg 関数で計算され表示されます。

◉ 関数の定義

実行ボタンを押したときに、最初に実行される関数（実行対象の関数）には引数を渡すことはできません。しかし、実行対象の関数から呼び出す関数は、引数を渡したり、戻り値を返したりすることが可能です。

引数を渡したり、戻り値を返したりする関数は、次のようにして定義します。実行対象の関数と同じように、function というキーワードからはじまり、続けて関数名を記述します。引数を受け取る場合は、( ) の中に引数を ,（カンマ）で区切って記述します。そして戻り値を返す場合は、処理の最後に return 文と戻り値を記述します。

- **関数を定義する書式**

```
function 関数名(引数1, 引数2, …) {   ← 複数の場合「,」で区切る（省略可）
  処理
  return 戻り値;   ← 戻り値もしくは記述自体が省略されることもある
}
```

関数の名前も変数の名前と同じルールです（P.54）。また、**プロジェクト内で関数名が重複すると意図した挙動にならないことがあるため、重複しないようにしましょう。**

1つのプロジェクト内で関数の名前を重複させないようにしましょう。

◉ avg関数の処理の内容

以上を踏まえ、avg関数の処理内容を説明していきましょう。

• avg関数の処理の流れ

④戻り値を代入

関数の呼び出し側

```
n = avg(num1, num2);
```

11　16　①引数を関数の変数にコピー

関数の定義

13.5

```
function avg(n1, n2) {
    let n = (n1 + n2) / 2.0;
    return n;
}
```

n = (11 + 16) / 2.0;

②関数内の処理を実行

③戻り値を返す

①引数を関数の変数にコピー

func5_1_1関数からavg関数を呼び出し、変数num1と変数num2を引数として渡します。

• avg関数の呼び出し（func5_1_1関数／4行目）

```
let n = avg(num1, num2);
```

②関数内の処理を実行

avg関数が呼び出されると、処理がavg関数内に移行します。引数n1に11が、引数n2に16が代入され、引数n1と引数n2を足して2.0で割った結果13.5が変数nに代入されます。

• 関数内の処理（avg関数／9行目）

```
let n = (n1 + n2) / 2.0;
```

③戻り値を返す

最後に return 文で変数 n を戻り値として返し、同時にそこで avg 関数の処理は終了します。つまり、13.5 が戻り値として返されます。

• **戻り値を返す**（avg関数／10行目）

```
return n;
```

なお、**return が関数の途中に記述してあると、そこで関数の処理は終了し、それ以降に処理があったとしても実行されません**。

重要

return により関数の処理は終了します。

④戻り値を代入

戻り値 13.5 が変数 n に代入されます。関数から得られた戻り値は、変数に代入したり、演算に利用したりして活用できます。

◎関数の特徴と活用法

一度作ったユーザー定義関数は何度でも呼び出すことが可能です。また、ある関数からさらに別の関数を呼び出すことで、より複雑な処理を実現させる関数を作ることもできます。

プログラムの中に複雑な処理を記述したい場合は、その処理をいくつかの基本的な処理に分割し、それぞれを関数として記述すると読みやすくなります。

重要

- 関数は何度でも呼び出すことが可能
- 複雑な処理も関数にするとプログラムが読みやすくなる

プライベート関数

関数を増やしていくことによりちょっとした問題が生じます。

func5_1_1 関数、avg 関数を定義した状態で「実行する関数を選択」をクリックすると、次のような状態になります。

• 定義した関数がすべて表示されてしまう

```
ち ♂  ▷実行  デバッグ  func5_1_1 ▼  実行ログ
                       func5_1_1
1  function func5_1_1() {
2    let num1 = 11, num2 = 16;  avg
3    // 関数の呼び出し
4    let n = avg(num1, num2);
5    console.log(num1 + 'と' + num2 + 'の平均値:' + n);
6  }
```

avg関数もリストに表示されていますが、avg関数は別の関数から呼び出されることを想定しています。そのため、実行する関数として選択しない関数は、**プライベート関数**にするとよいでしょう。

◎ プライベート関数を作る

プライベート関数は、「実行する関数」には表示されない関数のことです。プライベート関数を作るときは、**関数名の最後に「_（アンダースコア）」を付けます**。sample5-1.gsを次のように変更し、avg関数をプライベート関数にしてみましょう。

sample5-1.gs（変更後のavg_関数）

```
01 function func5_1_1() {
02   let num1 = 11, num2 = 16;
03   // 関数の呼び出し
04   let n = avg_(num1, num2);
05   console.log(num1 + 'と' + num2 + 'の平均値:' + n);
06 }
07
08 function avg_(n1, n2) {   ← avgのあとに_を付ける
09   let n = (n1 + n2) / 2.0;
10   return n;
11 }
```

この状態で「実行する関数を選択」をクリックすると、選択対象の関数が次のように変わります。

● 修正後の「実行する関数を選択」

```
↶ ↷ | 💾 | ▷ 実行  ⟲ デバッグ  func5_1_1 ▼ | 実行ログ |
                                 func5_1_1
1  function func5_1_1() {
2    let num1 = 11, num2 = 16;
3    //  関数の呼び出し
4    let n = avg_(num1, num2);
5    console.log(num1 + 'と' + num2 + 'の平均値:' + n);
6  }
```

重要

・関数名の末尾に「_」を付けるとプライベート関数になる
・プライベート関数は「実行する関数を選択」のリストに表示されない

戻り値がない関数

次は戻り値がない関数を呼び出してみましょう。

次のスクリプトでは、func5_1_2 関数からプライベート関数である stars_ 関数を呼び出しています。

sample5-1.gs (func5_1_2関数、stars_関数)

```
13 function func5_1_2() {
14   stars_(5);
15 }
16 
17 function stars_(num) {
18   let stars = '';
19   for(let i = 0; i < num; i++){
20     stars += '★';
21   }
22   console.log(stars);
23 }
```

● 実行結果

```
★★★★★
```

stars_ 関数は戻り値がない関数です。引数で受け取った数だけ「★」を表示します。「stars_(5);」とすると、★が 5 つ出力されます。

stars_ 関数には、**処理の最後に return 文がありません。これは戻り値がないことを意味します**。また、呼び出す側でも戻り値を変数に代入したり、出力したりする処理がありません。このように戻り値がない関数を呼び出して使用することもできます。戻り値がない関数は、return 文を省略できます。ただし、**処理の途中で関数を終了させたい場合は、return 文を記述する必要があります**。

なお、2 ～ 4 日目で作った関数は、いずれも引数と戻り値がない関数です。関数名のあとの () が空の状態は、引数がないという意味で、戻り値もないため return 文を省略していました。

デフォルト引数と残余引数

引数にはいくつかの種類があります。ここでは、デフォルト引数と残余引数の使い方を見てみましょう。

◎ デフォルト引数

関数に引数が渡されなかった場合、かわりに指定した値を引数に代入するものを**デフォルト引数**といいます。

• デフォルト引数の書式

```
function 関数名( …, 引数名=デフォルト値) {
  処理
}
```

該当する引数に値が渡されなかった場合、その引数には = でつながれたデフォルト値が設定されます。

次のスクリプトでは、func5_1_3 関数からデフォルト引数を持つ showPrice_ 関数を呼び出しています。

sample5-1.gs（func5_1_3関数、showPrice_関数）

```
25 function func5_1_3() {
26   showPrice_(1000, 'ドル'); // 引数price,currencyを設定
27   showPrice_(1600);         // 引数priceのみを設定
28 }
29
30 function showPrice_ (price, currency='円') {
31   console.log('価格:' + price + currency);
32 }
```

- 実行結果

```
価格:1000ドル
価格:1600円
```

showPrice_ 関数は、価格（price）を指定された通貨（currency）で表示します。1 回目の呼び出しでは、引数 price に 1000、引数 currency に「ドル」が代入されるので、「1000 ドル」と表示されます。2 回目の呼び出しでは、引数 price に 1600 が代入されますが、呼び出し時に 2 つ目の値が設定されていません。そのため、引数 currency にはデフォルト値である「円」が代入され、「1600 円」と表示されます。

- デフォルト引数の働き

◉ 残余引数

デフォルト引数と並んで特殊な働きをする引数が**残余引数（ざんよひきすう）**です。残余引数は**渡される引数の個数がわからないときに使います**。引数名の前に「...」と記述すると残余引数になります。

- 残余引数の書式

```
function 関数名(...引数名) {
  処理
}
```

なお、**残余引数の引数は配列として扱われます**。

次のスクリプトでは、func5_1_4 関数から showData_ 関数を呼び出しています。

sample5-1.gs（func5_1_4関数、showData_関数）

```
34 function func5_1_4() {
35   showData_(1, 2, 3);        // 3つの引数
36   showData_('ABC', 'DEF');  // 2つの引数
37 }
38 
39 function showData_(...data) {
40   console.log('引数の数:' + data.length);
41   for(let element of data){
42     console.log(element);
43   }
44 }
```

• 実行結果

```
引数の数:3
1
2
3
引数の数:2
ABC
DEF
```

showData_関数は、受け取った引数の個数と値を出力しています。引数dataは配列になるため、lengthで取得した長さが引数の個数に該当し、引数の値はfor文で取得できます。

• 残余引数の仕組み

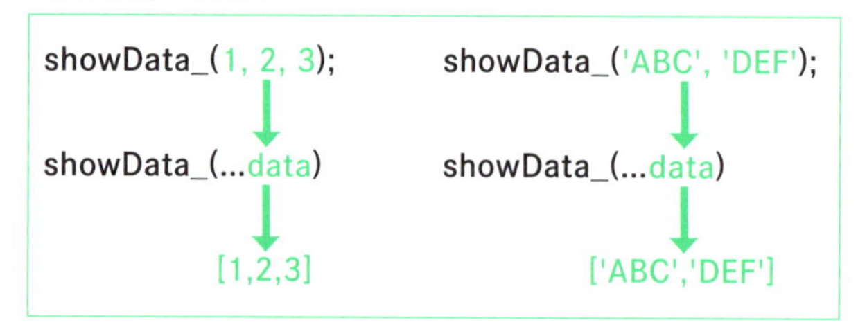

◉配列を引数として渡す

また、残余引数には配列そのものを渡すこともできます。残余引数に配列を渡すときは、配列を代入した変数の前に「...」を付けます。

次の func5_1_5 関数では、先ほど定義した showData_ 関数に配列を引数にして呼び出しています。

sample5-1.gs（func5_1_5関数）

```
46 function func5_1_5() {
47   datas = [10, 20, 30, 40];
48   showData_(...datas);  // 2つの引数
49 }
```

• **実行結果**

```
引数の数:4
10
20
30
40
```

実行結果からわかるとおり、これは「showData_(10,20,30,40)」とした場合と同じ結果が得られます。

例題 5-1 ★☆☆

引数として受け取った2つの数値のうち、最大値を返す max_ 関数を作り、8と7のうち最大の数値を得る処理を記述しなさい。なお、実行する関数は example5_1 関数とし、example5_1 関数から max_ 関数を呼び出すこと。

- **期待される実行結果**

```
8と7のうち最大の数は8
```

解答例と解説

sample5-1.gs（example5_1関数、max_関数）

```
51 function example5_1(){
52   let a = 8;
53   let b = 7;
54   console.log(a+ 'と' + b + 'のうち最大の数は' + max_(a,b));
55 }
56 
57 function max_(a, b){
58   if(a > b){
59     // aのほうが大きければaを返す
60     return a;
61   }
62   // そうでなければbを返す
63   return b;
64 }
```

max_ 関数は引数 a と引数 b に受け取った値を代入し、引数 a のほうが大きい場合は引数 a を、そうでない（引数 b が引数 a と等しい、または引数 a より大きい）場合には引数 b を返します。以上により、max_ 関数は最大値を戻り値として返します。

例題 5-2 ★★☆

　引数として任意の個数の整数を渡し、その数値の合計を計算する sumNumbers_ 関数を作りなさい。なお、example5_2 関数から以下の数値を引数にして sumNumbers_ 関数を呼び出すこと。

- **引数にする数値**

```
7、3、8、9、1、0、-4、10
```

- **期待される実行結果**

```
合計:34
```

解答例と解説

sample5-1.gs（example5_2関数、sumNumbers_関数）

```
66 function example5_2() {
67   let sum = sumNumbers_(7, 3, 8, 9, 1, 0, -4, 10);
68   console.log('合計:' + sum);
69 }
70
71 function sumNumbers_(...numbers) {
72   let sum = 0; //合計値
73   // 引数として与えられた数値の合計
74   for(let number of numbers){
75     sum += number;
76   }
77   return sum;
78 }
```

　showNumbers_ 関数の引数名の頭に「...」を付けて残余引数にします。引数 numbers には配列が入るため、for ～ of 文を利用してすべての要素を取得し合計すれば、合計値を得られます。

1-2 デバッグ

POINT

- デバッグの概念を理解する
- デバッガの使い方を理解する

デバッガを活用する

だんだんとスクリプトが長く複雑になってきたため、記述ミスや文法の間違いなどが発生しやすくなってきました。ここでは、そのように複雑になってきたプログラミングを助けるツールの使い方を説明します。

バグとデバッグ

一般にスクリプトの論理的な誤りのことを**バグ（Bug）**といい、バグを修正することを**デバッグ（Debug）**といいます。GAS にはデバッグを行うための環境が用意されており、これらを活用するとデバッグが容易になります。

デバッガの活用

実際に、func5_1_1 関数を使ってデバッグ作業を行ってみましょう。

(1) ブレークポイントとデバッグ実行

「2」と表示されている行番号の左側をクリック（①）すると、紫色の丸が表示されます。この丸を**ブレークポイント**といい、複数設置することができます。削除したいブレークポイントはクリックすると消すことが可能です。デバッグを開始するためには、最低 1 つのブレークポイントを設定する必要があります。ブレークポイントを設定したあと、［デバッグ］ボタン（②）をクリックしてください。

● ブレークポイントの設定

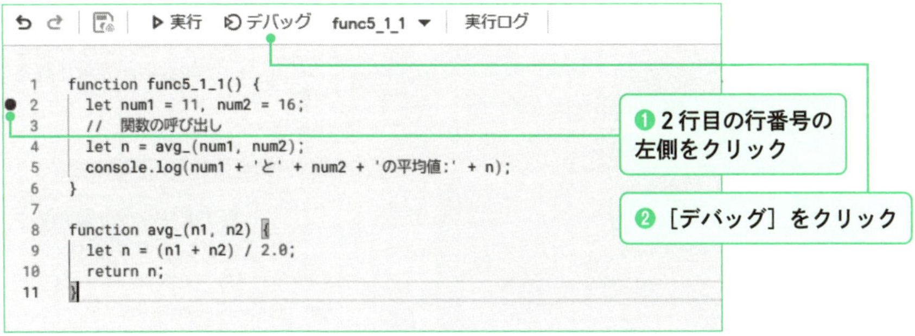

↶ ↷ ▷ 実行 デバッグ func5_1_1 ▼ 実行ログ

```
1  function func5_1_1() {
2    let num1 = 11, num2 = 16;
3    //  関数の呼び出し
4    let n = avg_(num1, num2);
5    console.log(num1 + 'と' + num2 + 'の平均値:' + n);
6  }
7
8  function avg_(n1, n2) {
9    let n = (n1 + n2) / 2.0;
10   return n;
11 }
```

❶ 2行目の行番号の左側をクリック

❷ ［デバッグ］をクリック

(2) デバッグの開始

デバッグを開始すると、ブレークポイントを設定した行に紫のハイライトが表示されます。**この紫のハイライトは、スクリプトの処理をこの場所で一時停止していることを表します**。

なお、デバッグを停止するには［停止］ボタンをクリックしてください。

● デバッグの開始

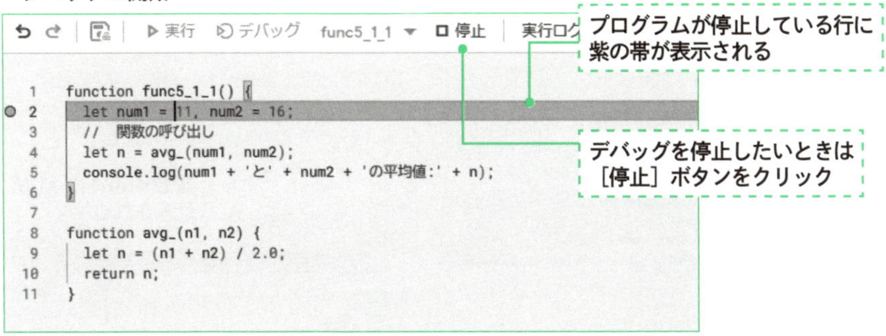

↶ ↷ ▷ 実行 デバッグ func5_1_1 ▼ ☐ 停止 実行ログ

```
1  function func5_1_1() {
2    let num1 = 11, num2 = 16;
3    //  関数の呼び出し
4    let n = avg_(num1, num2);
5    console.log(num1 + 'と' + num2 + 'の平均値:' + n);
6  }
7
8  function avg_(n1, n2) {
9    let n = (n1 + n2) / 2.0;
10   return n;
11 }
```

プログラムが停止している行に紫の帯が表示される

デバッグを停止したいときは［停止］ボタンをクリック

(3) ステップオーバー

デバッグを開始すると、画面右端に**デバッガ**が表示されます。デバッグではデバッガに表示されるボタンを押したり、変数に代入されている値などの情報を確認したりしながら進めます。この表示内容は**コールスタック**といい、現在実行しているスクリプトのファイル名と関数名が表示されます。ここで［ステップオーバー］ボタン（③）を1度押すと、停止していた処理が実行されます。

● デバッガの操作

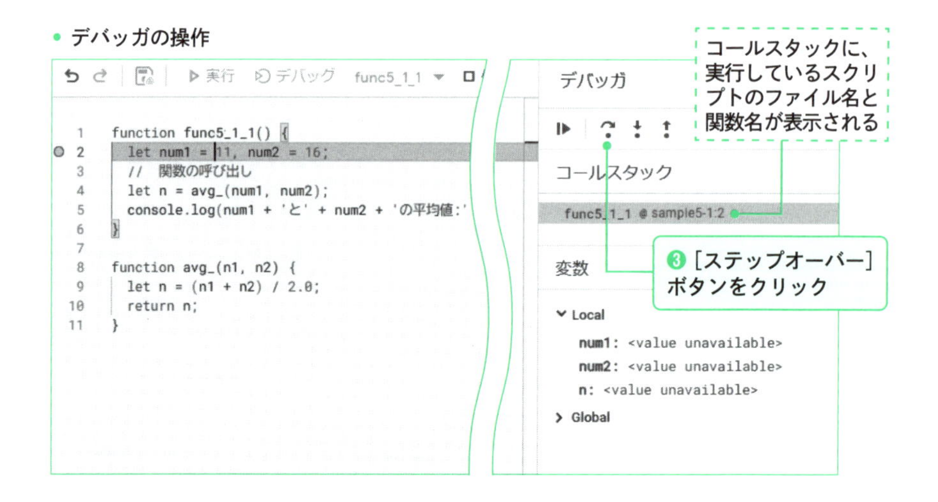

デバッガでは実行中の関数で利用されている変数の一覧を取得することができます。変数を確認すると、「num1」の値が「11」になっていることがわかります。これは 2 行目の処理「let num1 = 11;」を実行したからです。これ以外の変数の値が非表示なのは、まだ利用されていない状態であるためです。

● ステップオーバー

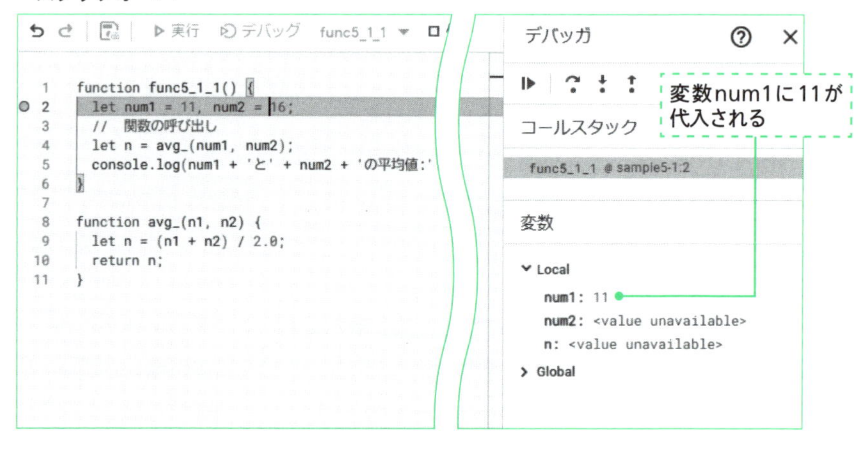

◎デバッガでできる操作

デバッガで操作可能なボタンとその内容を確認しておきましょう。

● デバッガで利用可能なボタン

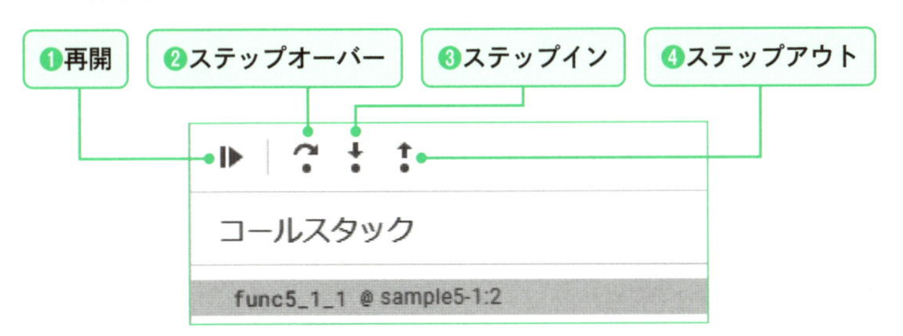

①再開

現在停止している位置から処理を再開します。この先にブレークポイントがある場合はそこで止まりますが、なければスクリプトを最後まで実行します。

②ステップオーバー

現在処理が止まっている位置を1行だけ実行します。

③ステップイン

現在の実行位置がユーザー定義関数である場合、このボタンを押すとその関数内の処理に移行します。

● ステップイン

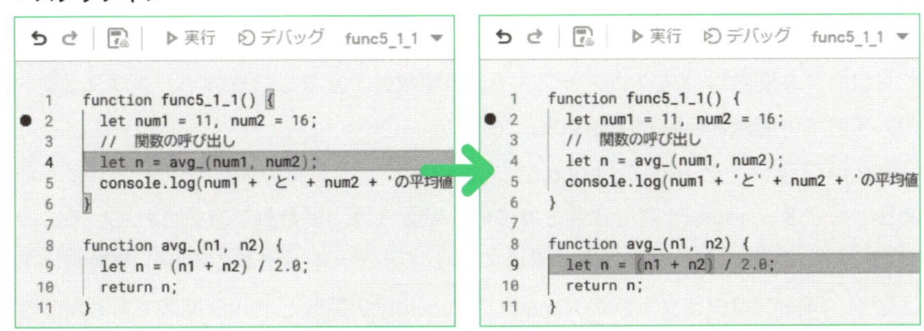

④ステップアウト

ステップインしていた関数の中の処理から抜け出します。

1-3 スコープ

POINT

- スコープの概念を理解する
- グローバルスコープとローカルスコープの違いを理解する
- ブロックとスコープの関係性を理解する

スコープとは何か

GAS の変数や定数、もしくは関数などは、どこからそれを参照できるかの範囲が決められています。これを**スコープ（scope）**といいます。

GAS では、大きく次の 2 つのスコープがあります。

• GASのスコープ

名前	概要
グローバルスコープ	プロジェクト全体から参照可能
ローカルスコープ	ある特定の範囲からのみ参照可能

なお、グローバルスコープを持つ変数を**グローバル変数**、ローカルスコープを持つ変数を**ローカル変数**といいます。

◉ グローバル変数

グローバル変数は、スクリプトファイルの関数外で宣言したもので、プロジェクト内のすべての関数から利用できます。

例えばプロジェクト内に、hobe.gs、fuga.gs という 2 つのスクリプトファイルがあるとします。hoge.gs 内で宣言されている変数 a は、関数外で宣言されているのでグローバル変数です。そのため、同じスクリプトファイルにある func1 関数だけではなく、同一プロジェクト内の fuga.gs にある func2 関数と func3 関数でも利用できます。

● グローバル変数のイメージ

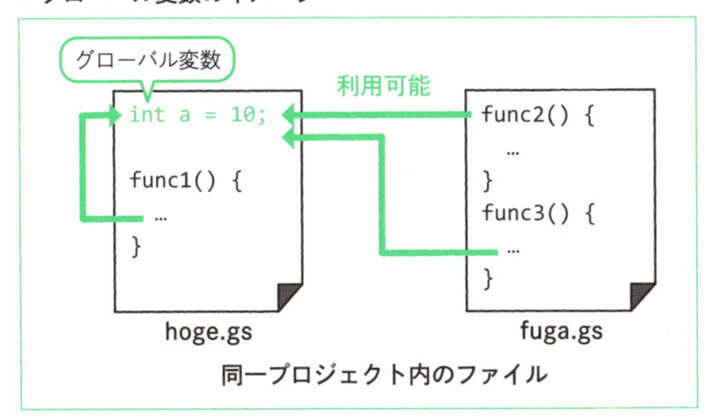

これに対し、関数内で宣言されている変数または引数は、その関数の中でしか利用できないローカル変数に該当します。同一のスクリプトファイルに定義された別の関数からは呼び出しできません。また異なる関数であれば、ローカル変数の名前は重複していても問題ありません。

注意

ローカル変数は、関数が違えば同一の名前の変数を宣言でき、それぞれ別の変数として認識されます。

◎ 名前の競合

GAS では、複数の gs ファイルが同じプロジェクト内にあると、グローバルスコープが共有されます。そのため、**複数のファイルで同じ名前のグローバル変数や関数があると競合する可能性があります**。そのため、プロジェクト内で同じ名前の関数、同じ名前のグローバル変数を作らないように注意が必要です。

注意

プロジェクト内でグローバル変数の名前が重複しないようにしましょう。

グローバル変数とローカル変数を使い分ける

実際にスクリプトを実行して、グローバル変数とローカル変数の違いを理解していくことにしましょう。

スクリプトファイル「sample5-2.gs」を作成し、次のスクリプトを入力・実行してください。

5日目 ユーザー定義関数・メソッド

sample5-2.gs (変数globalの宣言、func5_2_1関数、func5_2_2関数)

```
01 // グローバル変数
02 let global = 'global';
03 
04 // ローカルスコープ1
05 function func5_2_1() {
06   let local = 'local'; // この関数のローカル変数
07   console.log(global);
08   console.log(local);
09 }
10 
11 // ローカルスコープ2
12 function func5_2_2() {
13   console.log(global);
14   //console.log(local);
15 }
```

ここでは、グローバル変数 global の宣言、func5_2_1 関数と func5_2_2 関数が定義されています。またグローバル変数 global は、2 つの関数で利用されています。

まずは、func5_2_1 関数を実行してみましょう。

- func5_2_1関数の実行結果

```
global
local
```

実行すると、グローバル変数 global と、変数 local の値が出力されています。変数 local はこの関数内で宣言されたローカル変数であり、値は local です。グローバル変数 global は、宣言時に代入された値が出力されています。

◎ ローカル変数のスコープ

続いて、func5_2_2 関数に注目してみましょう。

[再掲] sample5-2.gs (func5_2_2関数)

```
11 // ローカルスコープ2
12 function func5_2_2() {
13   console.log(global);
14   //console.log(local);
15 }
```

14行目で変数localの値を出力しようとしていますが、行コメント（P.45）になっており、実行できないようになっています。

このようにコメントにすることを**コメントアウト**といい、**処理をコメントで無効化することで、その処理を一時的に実行しないようにするというデバッグ上の一種のテクニックです**。

重要

コメントアウトとは、ステートメントの前にコメントを記述し処理を無効化することです。

試しにコメントを外して実行してみましょう。

[変更後] sample5-2.gs（func5_2_2関数）

```
11 // ローカルスコープ2
12 function func5_2_2() {
13   console.log(global);
14   console.log(local);   ← //を削除する
15 }
```

- **実行結果**

```
global
エラー
ReferenceError: local is not defined
func5_2_2       @ sample5-2.gs:14
```

実行すると、グローバル変数globalの値が出力されたあと、「console.log(local)」を実行しようとしてエラーが発生します。これはfunc5_2_2関数内で「local」という変数が宣言されていないためです。**変数localはfunc5_2_1関数のローカル変数なので、func5_2_1関数以外で利用できないことがわかります**。

注意

ローカル変数は、宣言された関数内のみで使用できます。

ローカルスコープの種類

ローカルスコープは、さらに**関数スコープ**と**ブロックスコープ**に分けられます。これらの違いを見ていきましょう。

ブロックとは

ローカルスコープの説明をする前に、**ブロック（block）**について説明します。ブロックとは、{}で囲まれた範囲のことで、ステートメントをグループ化したものです。if文やwhile文、for文の処理を行う{}の範囲などもブロックと呼ぶことができます。ブロック内には複数のステートメントを記述することができます。

・ブロック

```
{
  処理1;
  処理2;
  ...
}
```

関数スコープとブロックスコープの違い

関数スコープとは関数の内部、ブロックスコープはブロックの内部のことです。関数スコープで宣言された変数は、その関数内をスコープとします。しかし、関数内でif文などでブロックを作ってその中で変数を宣言すると、**その変数のスコープはブロック内に限られ、ブロックの処理が終わると使用不可能になります**。

・関数スコープとブロックスコープの違い

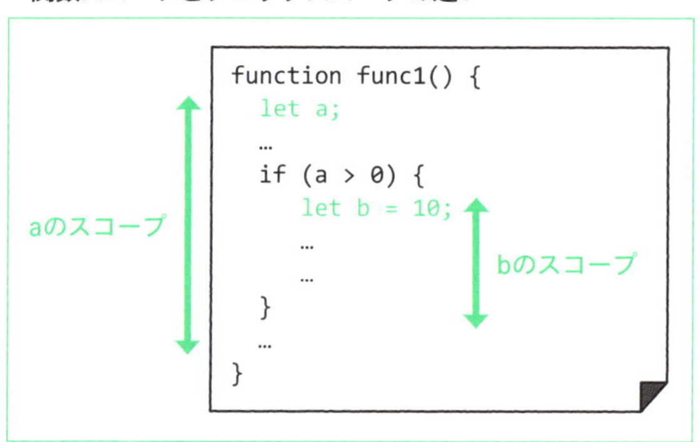

次の func5_2_3 関数を実行して、関数スコープとブロックスコープの違いを見てみましょう。

sample5-2.gs（func5_2_3関数）

```
17 function func5_2_3() {
18   // 関数スコープ
19   let a = 10, b = 10;
20   if (a > 0) {
21     let b = -10;  // ブロックスコープ
22     console.log('a=' + a + ' b=' + b);
23   }
24   console.log('a=' + a + ' b=' + b);
25 }
```

• **実行結果**

```
a=10 b=-10
a=10 b=10
```

func5_2_3 関数には、関数スコープのローカル変数である変数 a と変数 b、if 文のブロック内でローカルスコープの変数 b が利用されています。

• **関数スコープとブロックスコープに同一名の変数がある場合**

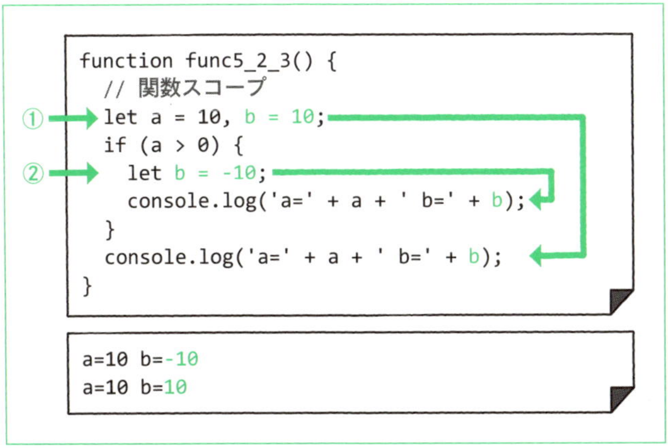

```
function func5_2_3() {
  // 関数スコープ
  let a = 10, b = 10;
  if (a > 0) {
    let b = -10;
    console.log('a=' + a + ' b=' + b);
  }
  console.log('a=' + a + ' b=' + b);
}
```



```
a=10 b=-10
a=10 b=10
```

はじめに変数 a と変数 b には、10 が代入されています（①）。ところが、if 文のブロック内でローカル変数である変数 b が宣言され、値が -10 となっています（②）。このように、関数内にブロックがある場合、**ブロック内ではブロック外で宣言した変数と同じ名前の**

変数を宣言しても構いません。また、ブロックスコープの変数名と同名の変数がすでに存在した場合、**ブロック内ではスコープ内で宣言された変数が使用されます**。そのため、if 文のブロック内で変数 a と変数 b の値を出力すると、「a=10 b=-10」となります。

とはいえ、関数ブロックの直下で宣言した変数 b がなくなったわけではありません。if 文のブロックを抜けたあと、変数 a と変数 b を出力すると「a=10 b=10」となり、変数 b の値は初期値から変わっていないことがわかります。これは **if 文のブロック内で宣言された変数 b はあくまでもそのブロック内だけの変数**であり、ブロックを抜けると無効になるためです。

◉ for文とブロックスコープ

for 文の初期化処理で変数を宣言した場合、その変数は for 文のブロックの中で宣言されたものとみなされます。

そのため、次の func5_2_4 関数のように 1 つの関数内で複数の for 文を記述した場合、for 文ごとに同じ名前の変数を宣言して利用できます。

sample5-2.gs（func5_2_4関数）

```
27 function func5_2_4() {
28   let i = 10;
29   // for文のブロックスコープ
30   for (let i = 0; i < 3; i++) {
31     console.log('Loop1');
32   }
33   // for文のブロックスコープ
34   for (let i = 0; i < 4; i++) {
35     console.log('Loop2');
36   }
37 }
```

• **実行結果**

```
Loop1
Loop1
Loop1
Loop2
Loop2
Loop2
Loop2
```

1 つの関数ブロック内で、2 ヶ所にある for 文で変数 i が宣言されていますが、問題なく使用できているのがわかります。

1-4 関数オブジェクト

POINT

- 関数オブジェクトについて理解する
- 無名関数の使い方を理解する

関数オブジェクト

関数は**関数オブジェクト**と呼ばれるオブジェクトで、関数を変数に代入することができます。関数オブジェクトが代入された変数は、関数としてふるまうことが可能です。

スクリプトファイル「sample5-3.gs」を作成し、次のスクリプトを入力・実行してください。

sample5-3.gs (func5_3_1関数、add_関数)

```
01 function func5_3_1() {
02   // 変数fに関数オブジェクトadd_を代入
03   let f = add_;
04   let a = 5, b = 3;
05   let ans = f(a, b);
06   console.log(a + '+' + b + '=' + ans);
07 }
08
09 // プライベート関数add_
10 function add_(a, b) {
11   return a + b;
12 }
```

- **実行結果**

```
5+3=8
```

add_ 関数は、2 つの引数を受け取り、その合計値を戻り値として返します。func5_3_1 関数では、変数 f に add_ 関数を代入し、変数を関数として扱っています。関数オブジェクトも = で変数に代入することができます。

- **変数に関数オブジェクトを代入**

```
変数名 = 関数名;
```

「let f = add_;」とすることで、**変数 f は関数 add_ として扱うことができます**。関数オブジェクトが代入された変数に ( ) を付けて引数を入れると、変数に代入された関数が実行され、戻り値を得ることができます。そのため、変数 f に引数として整数を 2 つ渡すと、戻り値としてその和が得られます。

無名関数

関数には、名前を付けずに一時的に利用する**無名関数（むめいかんすう）**というものがあります。無名とあるとおり名前がない関数で次のような書式です。

- **無名変数の書式**

```
function(引数1, 引数2, ...) {
  ...
  return 戻り値;
}
```

通常の関数同様に、引数と戻り値は省略可能です。この無名関数も関数オブジェクトなので、変数に代入することができます。

次の func5_3_2 関数では、無名関数を変数に代入して使用しています。入力・実行してみましょう。

sample5-3.gs（func5_3_2関数）

```
14 function func5_3_2() {
15   // 変数fに関数オブジェクトに無名関数を代入
16   let f = function(a, b) {
17     return a + b;
18   };
19   let a = 5, b = 3;
20   let ans = f(a, b);
21   console.log(a + '+' + b + '=' + ans);
22 }
```

- **実行結果**

```
5+3=8
```

func5_3_2関数内で無名関数を定義し、変数fに代入しています。無名関数はadd関数と同じ働きで、2つの引数を受け取り、その合計値を返します。変数fを関数のように扱って数値を2つ渡すと無名関数が呼び出され、数値の合計値が戻り値として得られます。

1-5 スプレッドシートから関数を呼び出す

- スプレッドシートにカスタムメニューを追加する
- 追加したメニューから関数を呼び出す

スプレッドシートから関数を呼び出す

関数の応用的な使い方を学んでいきましょう。

次の「sample5-4.gs」は、スプレッドシートに**カスタムメニュー**と呼ばれるものを追加するスクリプトです。スクリプトファイル「sample5-4.gs」を追加し、スクリプトを入力してください。

sample5-4.gs

```
01 // グローバル定数
02 const taskData = [
03   ['タスクID', '開始日', '終了日', '優先順位', '担当者', 'タスク内容'],
04   ['T001', '2024-01-01', '2024-01-05', 3, '佐藤', '計画立案'],
05   ['T002', '2024-01-03', '2024-01-10', 5, '田中', '市場調査'],
06   ['T003', '2024-01-05', '2024-01-07', 2, '佐藤', '仕様書確認'],
07   ['T004', '2024-01-10', '2024-01-15', 4, '高橋', '予算策定'],
08   ['T005', '2024-01-08', '2024-01-12', 1, '伊藤', 'レビュー'],
09   ['T006', '2024-01-11', '2024-01-20', 5, '佐々木', '資料作成'],
10   ['T007', '2024-01-15', '2024-01-18', 3, '中村', '開発環境構築'],
11   ['T008', '2024-01-17', '2024-01-21', 2, '田中', 'テスト作成'],
12   ['T009', '2024-01-20', '2024-01-25', 4, '山本', '日程調整'],
13   ['T010', '2024-01-22', '2024-01-30', 5, '佐藤', '最終レビュー']
14 ];
15
16 // 最初に実行される関数
17 function onOpen() {
```

```
18    // UIの取得
19    let ui = SpreadsheetApp.getUi();
20    // メニューの追加
21    let menu = ui.createMenu('表の操作');
22    menu.addItem('データの初期化', 'initSheet');
23    menu.addItem('データの並べ替え', 'sortSheet');
24    // 作成したメニューの反映
25    menu.addToUi();
26    // シートの初期化
27    initSheet();
28  }
29
30  // シートの初期化
31  function initSheet() {
32    // アクティブなシートを取得しクリアする
33    let sheet = SpreadsheetApp.getActiveSheet();
34    sheet.clear();
35    // 配列のサイズに合わせた範囲に一括でデータを挿入
36    let range = sheet.getRange(1, 1, taskData.length, taskData[0].length);
37    range.setValues(taskData);
38    // 罫線を出す
39    range.setBorder(true,true,true,true,true,true);
40    // 最初の行を太字・中央寄せ(メソッドチェーン)
41    sheet.getRange(1,1,1,taskData[0].length)
42      .setFontWeight('bold')
43      .setHorizontalAlignment('center');
44  }
45
46  // シートの並べ替え
47  function sortSheet() {
48    let sheet = SpreadsheetApp.getActiveSheet();
49    let lastRow = sheet.getLastRow();
50    let lastColumn = sheet.getLastColumn();
51    let range = sheet.getRange(2,1,lastRow,lastColumn);
52    range.sort([
53      {column:4,ascending:false},    // 4列目（優先順位）で降順の並べ替え
54      {column:3,ascending:true}      // 3列目（終了日）で昇順の並べ替え
55    ]);
56  }
```

このスクリプトの関数は実行が不要です。保存したあと、スプレッドシート「lesson5」のタブを選択し、F5 キーを押して再読み込みを行ってください。次のようにA1:F11の範囲に値が設定されます。またメニューを見ると「表の操作」という項目が追加されていることがわかります。

● 実行結果

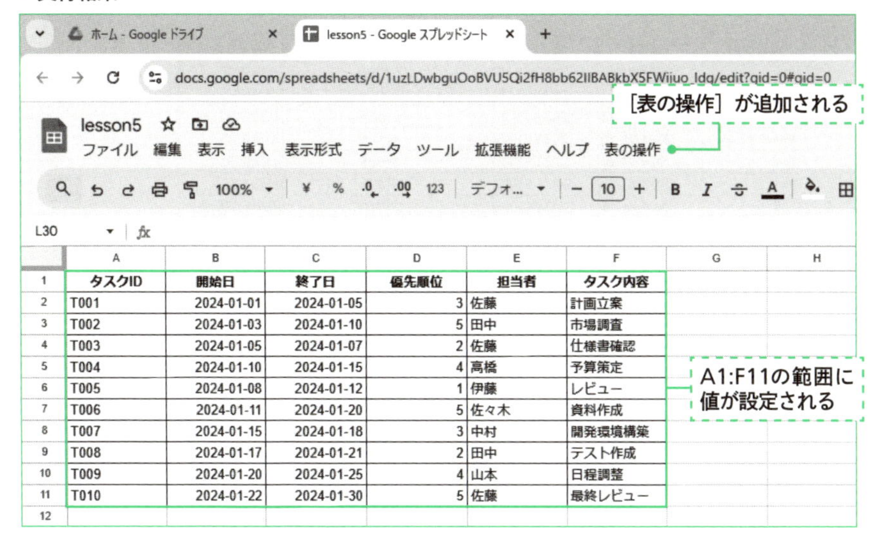

	A	B	C	D	E	F
1	タスクID	開始日	終了日	優先順位	担当者	タスク内容
2	T001	2024-01-01	2024-01-05	3	佐藤	計画立案
3	T002	2024-01-03	2024-01-10	5	田中	市場調査
4	T003	2024-01-05	2024-01-07	2	佐藤	仕様書確認
5	T004	2024-01-10	2024-01-15	4	高橋	予算策定
6	T005	2024-01-08	2024-01-12	1	伊藤	レビュー
7	T006	2024-01-11	2024-01-20	5	佐々木	資料作成
8	T007	2024-01-15	2024-01-18	3	中村	開発環境構築
9	T008	2024-01-17	2024-01-21	2	田中	テスト作成
10	T009	2024-01-20	2024-01-25	4	山本	日程調整
11	T010	2024-01-22	2024-01-30	5	佐藤	最終レビュー

［表の操作］をクリックすると、「データの初期化」「データの並べ替え」というアイテムがあります。［データの並べ替え］をクリックしてみましょう。

● 「表の操作」の中身

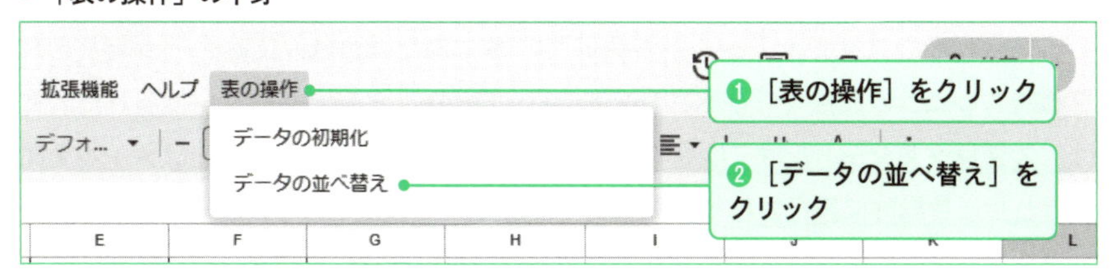

A1:F11 の表が、優先順位で降順、終了日で昇順に並べ替えられます。

・表の並べ替え結果

	A	B	C	D	E	F	G
1	タスクID	開始日	終了日	優先順位	担当者	タスク内容	
2	T002	2024-01-03	2024-01-10	5	田中	市場調査	
3	T006	2024-01-11	2024-01-20	5	佐々木	資料作成	
4	T010	2024-01-22	2024-01-30	5	佐藤	最終レビュー	
5	T004	2024-01-10	2024-01-15	4	高橋	予算策定	
6	T009	2024-01-20	2024-01-25	4	山本	日程調整	
7	T001	2024-01-01	2024-01-05	3	佐藤	計画立案	
8	T007	2024-01-15	2024-01-18	3	中村	開発環境構築	
9	T003	2024-01-05	2024-01-07	2	佐藤	仕様書確認	
10	T008	2024-01-17	2024-01-21	2	田中	テスト作成	
11	T005	2024-01-08	2024-01-12	1	伊藤	レビュー	
12							

メニューから［表の操作］－［データの初期化］をクリックすると並べ替え前の状態に戻ります。

実は［データの初期化］をクリックしたときはinitSheet関数、［データの並べ替え］をクリックしたときはsortSheet関数が呼び出されているのです。このようにGASでは、スプレッドシートにカスタムメニューを追加し、関数の処理をメニューから簡単に呼び出すことができます。

どのようにして追加しているのか、sample5-4.gsをあらためて確認してみましょう。

onOpen関数

スプレッドシートに紐付いているスクリプト内に「onOpen」という名前の関数がある場合、そのスプレッドシートを開いたとき（または再読み込みを行ったとき）、自動的にonOpen関数が呼び出されます。**「onOpen」という名前が付けられた関数は、スプレッドシートだけではなくドキュメントやフォームなどでも、ファイルを開いたときに自動的に実行される特殊な関数として扱われます**。

カスタムメニューや特定のセットアップを行いたい場合に定義すると、非常に便利です。

・onOpen関数は自動的に実行される

```
function onOpen() {

}
```

重要

onOpen関数はアプリを起動すると自動的に呼び出されます。

◉ カスタムメニューとアイテムの作成

onOpen 関数では、カスタムメニューの作成とアイテムの追加を行っています。

(1) カスタムメニューの作成

カスタムメニューはユーザーインターフェース（UserInterface）の一種です。ユーザーインターフェースは Ui クラスのオブジェクトで、SpreadsheetApp.getUi メソッドで取得できます。

- **ユーザーインターフェースの取得**（sample5-4.gs／19行目）

```
let ui = SpreadsheetApp.getUi();
```

UI オブジェクトは、メニューを作成するための createMenu メソッドを持っています。引数としてメニューに表示したい文字（メニュー名）を渡します。「表の操作」を引数にして createMenu メソッドを呼び出すと、「表の操作」という名前のメニューを作成します。

- **カスタムメニューの作成**（sample5-4.gs／21行目）

```
let menu = ui.createMenu('表の操作');
```

createMenu メソッドは戻り値で Menu オブジェクトを返します。Menu オブジェクトは、メニューの設定を行うためのオブジェクトで、21 行目で変数 menu に代入します。メニューのアイテムはこの Menu オブジェクトに追加します。

(2) アイテムの作成

続いて、Menu オブジェクトから addItem メソッドを呼び出してアイテムを追加しています。addItem メソッドには、引数としてアイテム名とそれに対応した関数名を渡します。

- **メニューにアイテムを追加**（sample5-4.gs／22、23行目）

```
menu.addItem('データの初期化','initSheet');
menu.addItem('データの並べ替え','sortSheet');
```

22、23 行目で Menu オブジェクトにアイテムが追加されます。

(3) UI にメニューを追加

次の処理で UI にメニューを追加します。

• UIにメニューを追加(sample5-4.gs/25行目)

```
menu.addToUi();
```

以上によりメニューに[表の操作]が追加され、[データの初期化]をクリックすると initSheet 関数、[データの並べ替え]をクリックすると sortSheet 関数が呼び出されます。

(4) 表の初期化

最後に initSheet 関数を呼び出して、表を設定しています。

• シートの初期化(sample5-4.gs/27行目)

```
initSheet();
```

(1)〜(4)の処理がスプレッドシート「lesson5」を表示したときに実行されます。

◉ initSheet関数とsortSheet関数

onOpen 関数以外に、initSheet 関数と sortSheet 関数も定義しています。

initSheet 関数は、sample4-2.gs の func4_2_3 関数(P.125)と同じ処理を行ったうえに、表に罫線を付け、表のタイトル部分の文字を中央寄せで太字にしています。なお、**ここでは表のデータの入った変数 taskData はグローバル変数として冒頭で初期化されています**。

もう 1 つの sortSheet は、sample4-4.gs の func4_4_2 関数(P.137)と同じ処理で優先順位を降順、終了日時を降順で並べ替えます。

2 オブジェクトとメソッド

- オブジェクトにメソッドを追加する
- メソッドの仕組みを理解する

2-1 メソッドを持つオブジェクト

- オブジェクトにメソッドを持たせる
- メソッドで処理を実行する
- this キーワードの中身を理解する

メソッドを持つオブジェクトを作る

1日目でオブジェクトにはプロパティとメソッドがあることを説明しました。4日目ではプロパティのみを持つオブジェクトを作りましたが、ここではメソッドを持つオブジェクトの作り方を学びましょう。

ユーザー定義オブジェクトには、次の書式でメソッドを定義できます。

● オブジェクトにメソッドを定義する書式

```
// オブジェクトの作成
let オブジェクト名 = {
  // プロパティを定義（必要な数だけ）
  プロパティ名:値,
    …
  // メソッドを定義（必要な数だけ）
  メソッド名:function(引数1, 引数2, …){
    …
  }
};
```

メソッド名と「funcsion」を：（コロン）でつなぎ、function のあとの ( ) に引数を記述します。さらに { } にメソッドの処理を記述します。

◎ 簡単なオブジェクトを作ってみる

実際に簡単なオブジェクトを作ってそれを利用してみましょう。

スクリプトファイル「sample5-5.gs」を作成し、次のスクリプトを入力・実行してください。

sample5-5.gs

```
01 function func5_5_1() {
02   // personオブジェクトの生成
03   let person = {
04     // プロパティ
05     name:'',
06     age:0,
07     // メソッド
08     information:function(){
09       return '名前は' + this.name + '、年齢は' + this.age + '歳';
10     }
11   }
12   // プロパティの値を代入
13   person.name = '山田太郎';
14   person.age = 18;
15   // 情報の表示
16   let info = person.information();
17   console.log(info);
18 }
```

● **実行結果**

名前は山田太郎、年齢は18歳

処理の流れを見てみましょう。

◎ オブジェクトの生成

func5_5_1 関数では、person という名前のオブジェクトを生成しています。このオブジェクトは 2 つのプロパティ（name、age）と、1 つのメソッド（information）から成り立っています。プロパティは、次の処理によりそれぞれ初期化されます。

- **プロパティの初期化**（sample5-5.gs／5、6行目）

```
name:'',
age:0,
```

これにより、person オブジェクトが生成されると同時に、name プロパティに空文字、age プロパティに数値 0 が代入されます。

- **calcオブジェクトの最初の状態**

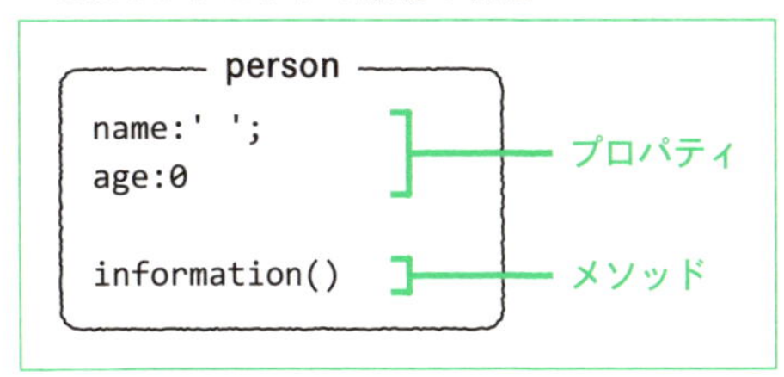

次の処理でプロパティに値が代入されます。

- **プロパティの値を代入**（sample5-5.gs／13、14行目）

```
person.name = '山田太郎';
person.age = 18;
```

- **personオブジェクトのプロパティの値の更新**

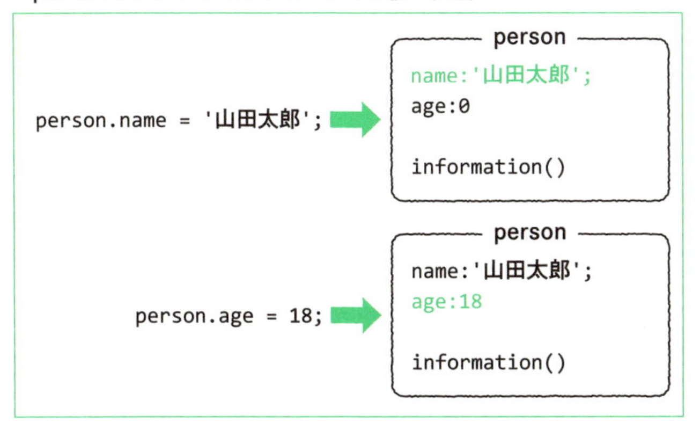

◉ メソッドの呼び出し

次に information メソッドの呼び出しの処理を見てみましょう。

• informationメソッドの呼び出し（sample5-5.gs／16行目）

```
let info = person.information();
```

information メソッドは、person オブジェクトが持つ人物の情報を文字列として得ることができるメソッドです。

• informationメソッドの処理（sample5-5.gs／8〜10行目）

```
information:function(){
  return '名前は' + this.name + '、年齢は' + this.age + '歳';
}
```

メソッドの書式は関数定義と似ており、「メソッド名 :function()」のあとの { } に処理を記述します。**引数がある場合は function のあとの ( ) 内に記述します**。return 文で戻り値を返すことができる点も関数と一緒です。

◉ thisキーワード

information メソッド内にある this は、オブジェクトが自分自身を指す「一人称」です。外部からメンバにアクセスする場合は、先頭に「person.」を付けました。**オブジェクト内のメソッドで、自分自身が持つプロパティやほかのメソッドを呼び出すときは、先頭に自分自身を表す「this」を付けます**。

つまり「this.name」と「this.age」は、person オブジェクトの name プロパティと age プロパティを指します。

• thisキーワードの働き

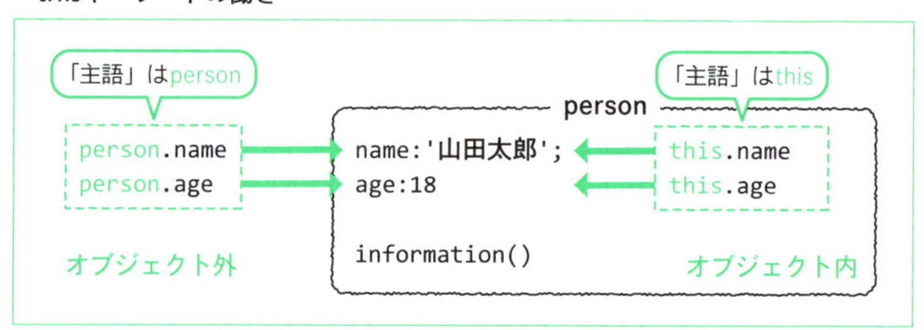

this は、オブジェクトが自分自身を指すキーワードです。

◉ informationメソッドの働き

information メソッドの働きをまとめると次のとおりです。

● informationメソッドの処理の一連の流れ

名前は山田太郎、年齢は18歳

```
let info = person.information();

person
  name : '山田太郎'
  age:18
  information:function(){
    return '名前は' + this.name + '、年齢は' + this.age + '歳';
  }
```

this.name の値が「山田太郎」、this.age が「18」なので、return の戻り値として「名前は山田太郎、年齢は 18 歳」という文字列が得られます。information メソッドで得られた文字列は、変数 info に代入されます。

◉ メソッドの正体

ここではメソッドの記述方法を学びましたが、実はメソッドというのはオブジェクトの**プロパティに与えられた関数オブジェクトです**。メソッドの処理は無名関数であり、メソッド名はその無名関数を代入したプロパティなのです。

オブジェクトのメソッドは、関数オブジェクトを引数として持つプロパティです。

3 練習問題

正解は 283 ページ

プロジェクト内に新しいファイル「exercise5.gs」を追加し、以下の関数を作成・実行しなさい。

問題 5-1 ★☆☆

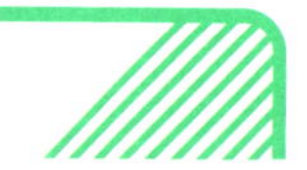

例題 5-1（P.156）を参考にし、2 つの整数の最小値を求める min_ 関数を作り、それを使って 8 と 7 の最小値を求める処理をする problem1 関数を作りなさい。

- **期待する実行結果**

```
8と7のうち最小の数は7
```

問題 5-2 ★☆☆

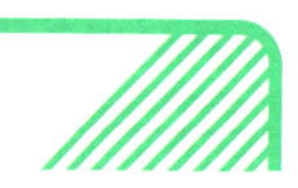

例題 5-2（P.157）を参考にし、任意の数の数値を引数として渡したとき、その平均値を求める avgNumbers_ 関数を作り、以下の数値の平均値を求めなさい。また problem2 関数を定義し、problem2 関数から avgNumbers_ 関数を呼び出しなさい。

- **平均値を求める数値**

```
5、10、7、8、9、12
```

- **期待する実行結果**

```
8.5
```

問題 5-3 ★★★

次のような仕様の judgePrimeNumber_ 関数を作り、10 以下の素数をすべて表示しなさい。素数とは、1 とその数以外に約数を持たない正の整数です。

- judgePrimeNumber_関数の仕様

関数名	judgePrimeNumber_
引数	整数
戻り値	bool
処理内容	引数が素数ならtrue、そうでないならfalseを返す

また problem3 関数を定義し、problem3 関数から judgePrimeNumber_ 関数を呼び出しなさい。

- 期待される実行結果

```
2
3
5
7
```

問題 5-4 ★★☆

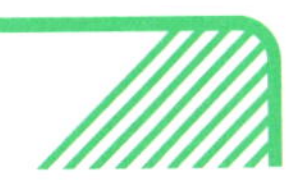

次の関数 problem4 は、calc オブジェクトのプロパティに整数値を代入し、その和を計算するものです。

- ［変更前］exercise5.gs（problem4関数）

```
function problem4() {
  let calc = {
    n1:0,
    n2:0,
  };
  calc.n1 = 10;
  calc.n2 = 5;
```

```
  let ans = calc.n1 + calc.n2;
  console.log(ans);
}
```

● **実行結果**

```
15
```

problem4関数を次のように変更しなさい。

（1）calcオブジェクトにプロパティn1、n2の和を計算するaddメソッドを追加する
（2）(1)で作成したメソッドを使い、2つのプロパティの和を得る

6日目

クラスとオブジェクト・組み込みオブジェクト

1 クラスとオブジェクト

- クラスの定義方法を学ぶ
- クラスをもとにオブジェクトを作る
- 組み込みオブジェクトを利用する

1-1 クラス

- クラスの概念について学ぶ
- クラスをもとにオブジェクトを作る

クラスとオブジェクトを学ぶための準備

ここからは1日目でも説明したクラス（P.17）を使って、オブジェクトを生成する方法を学んでいきましょう。

新しいスプレッドシートを作成し「lesson6」という名前を付け、プロジェクト名を「day6」としてください。スクリプトファイルの名前を「sample6-1.gs」にしてください。

オブジェクトとクラス

オブジェクトを使用すると、複数の値の保存や管理が容易になり、また保存している値を使った処理をまとめて記述できますが、同一のオブジェクトを複数作るのは大変です。同じ値と処理を持った複数のオブジェクトを作りたいときに役立つのが**クラス（class）**です。**クラスはオブジェクトの設計図にあたるもので、1度定義すると同じプロパティとメソッドを持つオブジェクト（インスタンス）を複数作れます**。

次のスクリプトではクラスを定義して、オブジェクトの生成を行います。入力・実行してみましょう。

sample6-1.gs（Personクラス、func6_1_1関数）

```
01 // Personクラス
02 class Person {
03   // コンストラクタ
04   constructor(name, age) {
05     this.name = name;
06     this.age = age;
07   }
08   // メソッド
09   information() {
10     return '名前は' + this.name + '、年齢は' + this.age + '歳';
11   }
12 }
13
14 // Personクラスからオブジェクトを1つ作る
15 function func6_1_1() {
16   person = new Person('山田太郎', 18);
17   // 情報の表示
18   console.log(person);  // オブジェクトを表示
19   console.log(person.information());  // informationメソッドを実行
20 }
```

● 実行結果

```
{ name: '山田太郎', age: 18 }
名前は山田太郎、年齢は18歳
```

◎ クラスの定義

クラスの定義は、classのあとに続けてクラス名を記述し、{ }内にメソッドを定義します。メソッドは複数定義することが可能です。

● クラスの定義の書式

```
class クラス名 {
  メソッド名1(引数1, 引数2, …) {
    引数の処理
  }
  メソッド名2(引数1, 引数2, …) {
    引数の処理
  }
      …
}
```

sample6-1.gsでは、グローバルスコープにPersonという名前のクラスが定義されており、Personクラスにはconstructorメソッドとinformationメソッドが定義されています。

重要

クラスはグローバルスコープで定義することができます。

◉オブジェクトの生成

クラスからオブジェクトを生成しているのが次の処理です。

• オブジェクトの生成（func6_1_1関数／16行目）

```
person = new Person('山田太郎', 18);
```

「new クラス名」で、クラスからオブジェクトを生成できます。ここではPersonクラスのオブジェクトを変数personに代入しています。

重要

クラスからオブジェクトを生成するには、newを用います。

◉コンストラクタ

Personクラスのオブジェクトを生成する際、constructorメソッドが呼び出されます。**constructorという名前のメソッドは、コンストラクタと呼ばれる特別な役割を持つメソッドで、オブジェクトが生成される際に一度だけ呼び出されます**。

• Personクラスのコンストラクタ（4〜7行目）

```
constructor(name, age) {
    this.name = name;
    this.age = age;
}
```

● コンストラクタの実行時の状態

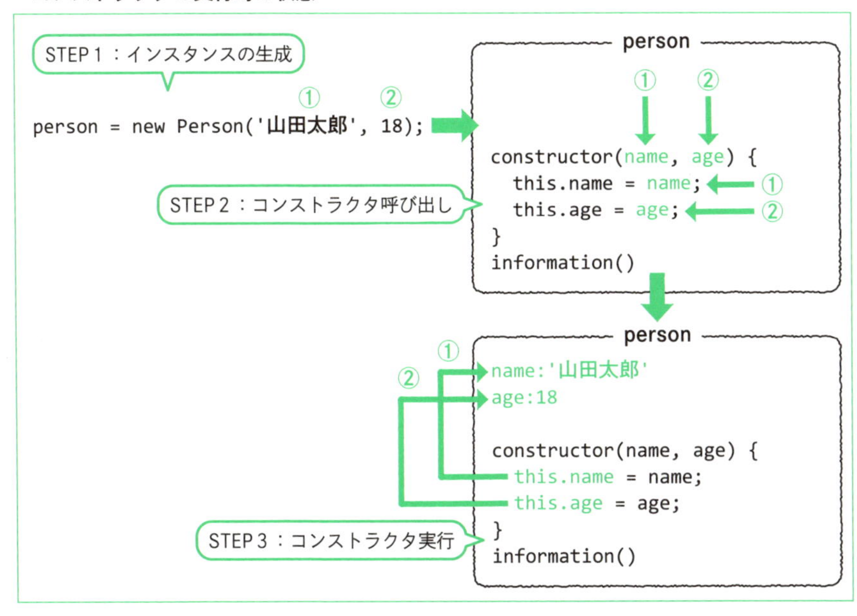

Person クラスのコンストラクタは 2 つの引数を受け取ります。オブジェクトを生成（STEP1）すると、コンストラクタが呼び出されて引数 name に '山田太郎'（①）、引数 age に 18（②）が代入されます（STEP2）。そのあと、引数 name の値は this.name（name プロパティ）、引数 age は this.age（age プロパティ）に代入されます（STEP3）。

このようにコンストラクタを定義することで、オブジェクトを生成する際、プロパティに初期値を設定することができます。

重要

コンストラクタ（constructor）はクラスからオブジェクトを生成する際に一度だけ実行される特殊なメソッドです。

◉ コンストラクタ以外のメソッド

Person クラスには information メソッドが定義されています。

● Personクラスのinformationメソッド（9〜11行目）

```
information() {
    return '名前は' + this.name + '、年齢は' + this.age + '歳';
}
```

informationメソッドは戻り値として文字列を返します。プロパティnameが「山田太郎」、ageが「18」の場合、「名前は山田太郎、年齢は18歳」という文字列が得られます。

複数のオブジェクト生成

クラスがあれば、同じ構造を持つ複数のオブジェクトを容易に生成できます。

次のfunc6_1_2関数では、複数のPersonオブジェクトを生成します。

sample6-1.gs（func6_1_2関数）

```
22 function func6_1_2() {
23   let person1 = new Person('山田太郎', 18);
24   let person2 = new Person('佐藤花子', 17);
25   // 情報の表示
26   console.log(person1);
27   console.log(person1.information());
28   console.log(person2);
29   console.log(person2.information());
30 }
```

• **実行結果**

```
{ name: '山田太郎', age: 18 }
名前は山田太郎、年齢は18歳
{ name: '佐藤花子', age: 17 }
名前は佐藤花子、年齢は17歳
```

変数person1と変数person2は、どちらもPersonオブジェクトが代入されます。2つのオブジェクトは生成時に引数の値が異なっているため、informationメソッドを呼び出したとき、プロパティの値に応じた結果が得られます。

重要

クラスがあれば同じ構造を持つオブジェクト（インスタンス）を簡単に複数作ることができます。

2 組み込みオブジェクト

- 組み込みオブジェクトの概要を理解する
- 使用頻度が高い組み込みオブジェクトを使ってみる

2-1 組み込みオブジェクト

- GAS の組み込みオブジェクトを知る
- 主な組み込みオブジェクトの種類を学ぶ

組み込みオブジェクトとは

GAS で実用的なスクリプトを作るときは、独自に定義したクラスよりも、標準で組み込まれている**組み込みオブジェクト**、または**標準ビルトインオブジェクト**と呼ばれるクラスを利用することがほとんどです。

組み込みオブジェクトはあらかじめ GAS で定義されているクラスで、独自に定義したクラスと同じようにオブジェクトを生成して使用します。

● 組み込みオブジェクトの生成

```
new 組み込みオブジェクト名(引数1, 引数2, ...)
```

組み込みオブジェクトによっては、オブジェクトを生成する方法が複数あったり、**そもそもオブジェクトの生成が不要なものもあったりするので、使用する際には注意が必要です**。

組み込みオブジェクトの中には、オブジェクトの生成を必要としないものも存在します。

GASの代表的な組み込みオブジェクトには次のようなものがあります。

● 代表的な組み込みオブジェクト

オブジェクト	用途
Number	数値操作
String	文字列操作
Boolean	論理値操作
Array	配列操作
Math	数学的計算
Date	日付と時刻の操作
RegExp	正規表現
Map	キーと値の管理
Set	一意の値の集合
JSON	JSONの操作
Function	関数を扱う
Error	例外情報を扱う

なお、数値はNumber、文字列はStringというクラスのオブジェクトと考えることができます。Stringクラスについてはすでにプロパティやメソッドを使ってきましたが、実はNumberやBooleanにも当然ながらメソッドやプロパティが存在します。

以降では、Mathオブジェクトと Dateオブジェクトの使い方を紹介します。

2-2 Math オブジェクト

- Math オブジェクトの概要を理解する
- Math オブジェクトのメソッド・プロパティを理解する

Math オブジェクト

Math オブジェクトは、数学的な計算を行うための定数・関数を提供し、次のようなメソッドとプロパティを持ちます。

● Mathオブジェクトの主なメソッド

メソッド	説明
Math.abs(x)	絶対値
Math.round(x)	四捨五入
Math.floor(x)	小数点以下切り捨て
Math.ceil(x)	小数点以下切り上げ
Math.max(a, b, ...)	最大値
Math.min(a, b, ...)	最小値
Math.pow(base, exp)	累乗

メソッド	説明
Math.sqrt(x)	平方根
Math.random()	0以上1未満の乱数
Math.sin(x)	サイン
Math.cos(x)	コサイン
Math.tan(x)	タンジェント
Math.exp(x)	指数関数 e^x
Math.log(x)	自然対数 ln(x)

● Mathオブジェクトのプロパティ

プロパティ	概要
Math.PI	円周率 π
Math.E	自然対数の底 e

Math オブジェクトのメンバは静的メンバであるため、インスタンスを生成する必要がありません。そのため、「クラス名 . メソッド」または「クラス名 . プロパティ」でメソッドやプロパティを呼び出します。

● Mathオブジェクトのメソッドの呼び出し

```
Math.メソッド名(引数1, 引数2, ... );
```

- **Mathオブジェクトのプロパティの呼び出し**

```
Math.プロパティ名
```

◉絶対値

Math.abs メソッドを用いると数値の絶対値を求めることができます。

スクリプトファイル「sample6-2.gs」を作成し、次のスクリプトを入力・実行してください。

sample6-2.gs (func6_2_1関数)

```
01 function func6_2_1() {
02   console.log(Math.abs(5));          // 絶対値
03   console.log(Math.abs(-5));         // 絶対値
04 }
```

- **実行結果**

```
5
5
```

◉四捨五入・小数点以下切り捨て・小数点以下切り上げ

四捨五入・小数点以下切り捨て・小数点以下切り上げは、次のとおりです。

sample6-2.gs (func6_2_2関数)

```
06 function func6_2_2() {
07   console.log(Math.round(1.23));    // 四捨五入
08   console.log(Math.floor(1.23));    // 小数点以下切り捨て
09   console.log(Math.ceil(1.23));     // 小数点以下切り上げ
10 }
```

- **実行結果**

```
1
1
2
```

◉最大値・最小値

Math.max メソッドと Math.min メソッドは、残余引数なので複数の値を渡すことができ、値のうち最大値または最小値を戻り値で返します。配列内から最大値・最小値の要素を得たい場合は、変数名の前に「...」を付けます。

sample6-2.gs（func6_2_3関数）

```
12 function func6_2_3() {
13   console.log(Math.max(1,3,5,4,2)); // 最大値
14   console.log(Math.min(1,3,5,4,2)); // 最小値
15   let data = [10, 100, 0, 100, 1000];
16   console.log(Math.max(...data));   // 配列の最大値
17   console.log(Math.min(...data));   // 配列の最小値
18 }
```

- **実行結果**

```
5
1
1000
0
```

◎乱数

Math.random メソッドは、0.0 ～ 1.0 の範囲で乱数を出力します。実行するたびに結果が変わるので、複数回試してみてください。

sample6-2.gs（func6_2_4関数）

```
20 function func6_2_4() {
21   console.log(Math.random());
22 }
```

- **実行結果（実行するたびに結果は異なる）**

```
0.006468290658892428
```

Math オブジェクトの応用

Math オブジェクトの応用として、指定した範囲の乱数を出力してみましょう。範囲の最大値を変数 max、最小値の値を変数 min とした場合、次のようなスクリプトで出力できます。

- **指定した範囲の乱数の発生**

```
Math.floor(Math.random() * (max - min + 1) + min)
```

次の func6_2_5 関数を入力・実行してください。

sample6-2.gs（func6_2_5関数）

```
24 function func6_2_5() {
25   // 乱数の最小値1、最大値10
26   let min = 1, max =10;
27   // 1から10までの乱数を3回発生させる
28   for(let i = 0; i < 3; i++) {
29     let number = Math.floor(Math.random() * (max - min + 1) + min);
30     console.log(number);
31   }
32 }
```

• **実行結果（実行するたびに結果は異なる）**

```
10
5
1
```

例題 6-1 ★★☆

次の文字を使った12桁のランダムなパスワードを生成する関数を作りなさい。なお、作成する処理はexample6_1関数に記述すること。

- **アルファベット（大文字・小文字）**
- **数字**

解答例と解説

sample6-2.gs（example6_1関数）

```
34 function example6_1() {
35   // パスワードの長さ
36   let length = 12;
37   // パスワードに使用する文字列
38   let chars = 'ABCDEFGHIJKLMNOPQRSTUVWXYZabcdefghijklmnopqrstuvwxyz0123
456789';
39   // パスワードの文字列
40   let passwd = '';
41   for (let i = 0; i < length; i++) {
42     passwd += chars.charAt(Math.floor(Math.random() * chars.length));
43   }
44   console.log(passwd);
45 }
```

- **実行結果（実行するたびに結果が異なります）**

```
uT1gj8TRxHNc
```

変数lengthに発生させる文字列の長さ（12）、変数charsにパスワードに使用できる文字を設定します。0以上chars.length-1以下の乱数を発生させ、乱数を使って変数charsから文字を取り出します。charAtメソッドは引数で指定された場所の文字を取得するメソッドで、数値は0からはじまります。この処理を変数lengthの値の数だけ繰り返すとパスワードが得られます。

2-3 Date オブジェクト

- 日付や時間を扱う Date オブジェクトの使い方を学ぶ
- 日付や時間の計算を行う

Date オブジェクトの基本

Date オブジェクトを使うと日付や時刻の取得、操作、表示形式の設定などができます。スプレッドシートなどで日付の自動処理や設定に使うと便利です。

現在の時刻の取得

Date クラスのオブジェクトを new で生成するとき、引数を指定しなかった場合は現在の時刻が得られます。

• 現在時刻の取得

```
new Date()
```

実際に試してみましょう。スクリプトファイル「sample6-3.gs」を作成し、次のスクリプトを入力・実行してください。

sample6-3.gs (func6_3_1関数)

```
01 function func6_3_1() {
02   let now = new Date();  // 現在の日時を取得
03   console.log(now);      // オブジェクトをそのまま出力
04 }
```

• 実行結果（実行する日時によって結果は異なる）

```
Sat Nov 16 2024 09:29:52 GMT+0900 (GMT+09:00)
```

なお、GMT とは世界標準時であり、GMT+0900 とは世界標準時に 9 時間を足した日本の標準時間を意味します。

特定の日時を指定

Date クラスのオブジェクトを new で生成するとき、引数で特定の日時を指定することもできます。

◉ 特定の日時のDateオブジェクトを生成

次の書式は、引数として日付と時刻を数値で指定する方法です。

● 特定の日時のインスタンスを生成する（数値で指定する場合）

```
new Date(年, 月, 日[, 時, 分, 秒, ミリ秒])
```

なお、**ここで指定する月は、1 ～ 12 ではなく、0 ～ 11 で表すので注意が必要です**。

Date オブジェクトの生成時、数値で月を指定する場合 0 ～ 11 で指定します。

また文字列を引数にして、特定の日時をもつ Date オブジェクトを生成することもできます。

● 特定の日時のインスタンスを生成する（文字列で指定する場合）

```
new Date(日付文字列)
```

次の func6_3_2 関数では、数値で指定した日時（2025 年 1 月 1 日 12 時 30 分 0 秒）の Date オブジェクトを生成しています。

sample6-3.gs（func6_3_2関数）

```
06 function func6_3_2() {
07   // 特定の日時を数値で設定（monthは0からなので１を引く）
08   let year = 2025,month = 1,day = 1;          // 2025年1月1日
09   let hours = 12,minutes = 30,seconds = 0;   // 12時30分0秒
10   let dateTime = new Date(year,month-1,day,hours,minutes,seconds);
11   // ロケールの時間（日本の場合は東京）で時間を出力
12   console.log(dateTime);
13 }
```

- 実行結果

```
Wed Jan 01 2025 12:30:00 GMT+0900 (GMT+09:00)
```

なお、文字列だけで年月日・時分秒を表現すると次の func6_3_3 関数のようになります。

sample6-3.gs (func6_3_3関数)

```
15 function func6_3_3() {
16   // 2025年1月1日12時30分00秒
17   let dateTime = new Date('2025-01-01 12:30:00');
18   console.log(dateTime);
19 }
```

実行結果は func6_3_2 関数と同じなので省略します。

年を「yyyy-mm-dd」の形式で表現したあとに、時間を「hh:mm:ss」という形式で指定しています。これにより、2025 年 1 月 1 日の PM12 時 30 分 00 秒を表します。**この場合は月を 1 ～ 12 の整数で表現します**。

◎ 年・月・日・時・分・秒を取得するメソッド

Date オブジェクトには、年・月・日・時・分・秒を取得するメソッドがそれぞれ用意されています。

sample6-3.gs (func6_3_4関数)

```
21 function func6_3_4() {
22   let date = new Date();              // 現在の日時を取得
23   let year = date.getFullYear();      // 年（例: 2024）
24   let month = date.getMonth() + 1;    // 月（0からはじまる）
25   let day = date.getDate();           // 日（例: 15）
26   let hours = date.getHours();        // 時（例: 13）
27   let minutes = date.getMinutes();    // 分（例: 45）
28   let seconds = date.getSeconds();    // 秒（例: 30）
29   let dayOfWeek = date.getDay();      // 曜日（0からはじまり0が日曜日）
30   // 曜日の名前の配列を用意
31   const daysOfWeek = ['日曜日', '月曜日', '火曜日', '水曜日', '木曜日',
   '金曜日', '土曜日'];
32   // 結果を表示
33   console.log('年: ' + year);
34   console.log('月: ' + month);
35   console.log('日: ' + day);
```

```
36    console.log('時: ' + hours);
37    console.log('分: ' + minutes);
38    console.log('秒: ' + seconds);
39    console.log('曜日: ' + daysOfWeek[dayOfWeek]);
40  }
```

● 実行結果（実行する日時によって結果は異なる）

```
年: 2024
月: 11
日: 12
時: 13
分: 20
秒: 30
曜日: 火曜日
```

月を取得するgetMonthメソッドの戻り値は0～11なので、実際の月を出力したいときは1を足す必要があります。また、曜日を取得するgetDayメソッドは0～6を返します。0が日曜日、1が月曜日で、6が土曜日を表します。

重要

- getMonethメソッドで取得される月は0～11
- getDayメソッドで取得される曜日は0～6

タイムスタンプ

Dateオブジェクトは**タイムスタンプ値**という値で時間を管理しています。

◎ タイムスタンプ値とは

タイムスタンプ値とは協定世界時1970年1月1日 0時0分0秒からの経過時間をミリ秒（=1/1000秒）単位で表したものです。タイムスタンプを利用すると日時の計算や比較が容易に行えます。

次のfunc6_3_5関数では、Dateオブジェクトのタイムスタンプ値を取得します。

sample6-3.gs（func6_3_5関数）

```
42  function func6_3_5() {
43    let date = new Date();           // 現在の日時を取得
44    console.log(date.getTime());     // タイムスタンプ（ミリ秒）を取得
45  }
```

- **実行結果（実行する日時によって結果は異なる）**

```
1731387019107
```

◉ 時間差を計算する

タイムスタンプを利用すれば、時間差の計算が容易になります。次の func6_3_6 関数では、2024 年 1 月 1 日から 2024 年 1 月 15 日まで何日あるかを計算しています。

sample6-3.gs（func6_3_6関数）

```
47 function func6_3_6() {
48   let date1 = new Date('2024-01-01');
49   let date2 = new Date('2024-01-15');
50   let diffMs = date2.getTime() - date1.getTime();  // ミリ秒単位の差分
51   let diffDays = diffMs / (1000 * 60 * 60 * 24);   // 日数に変換
52   console.log(diffDays + ' 日');                    // 出力例: 14 日
53 }
```

- **実行結果**

```
14 日
```

1 日が 24 時間、1 時間が 60 分、1 分が 60 秒、1 秒が 1000 ミリ秒なので、2 つの日付のタイムスタンプを (1000 * 60 * 60 * 24) で割ることにより日数の差が得られます。

◉ 文字列からタイムスタンプを得る

Date クラスの parse メソッドを利用すると、文字列からタイムスタンプを得ることができます。

- **Date.parseメソッドの使用方法**

```
Date.parse(文字列)
```

文字列は「yyyy-mm-dd」の形式で表した日時で、無効な文字列を指定すると戻り値が NaN になります。NaN は「Not a Number」の略で、計算が無効になったり、引数が数値として解釈できなかったりしたときに返される特殊な値です。

func6_3_7 関数を入力・実行して、parse メソッドを使ってみましょう。

sample6-3.gs（func6_3_7関数）

```
55 function func6_3_7() {
56   // 2025年1月1日12時30分00秒
57   let dateTimeStr = '2025-01-01 12:30:00';
58   // 文字列で指定された日時をタイムスタンプに変更
59   let str = Date.parse(dateTimeStr);
60   console.log(str);
61   // 無効な文字列が入力された場合NaNが出力される
62   str = Date.parse('hoge');
63   console.log(str);
64 }
```

● 実行結果

```
1735702200000
NaN
```

◎ Dateオブジェクトの大小の比較

Date オブジェクトは大小の比較が可能です。あとの日付・時間ほど大きい値とみなされます。

sample6-3.gs（func6_3_8関数）

```
66 function func6_3_8() {
67   let date1 = new Date('2024-01-01');
68   let date2 = new Date('2024-01-15');
69   console.log(date1 < date2);
70 }
```

● 実行結果

```
true
```

変数date1は2024年1月1日、変数date2は2024年1月15日を表すDateオブジェクトです。この場合、変数date2のほうが大きいとみなされます。

日時を指定の書式で出力する

Date オブジェクトだけでは出力結果がわかりにくいため、Utilities クラスを用いると日時をわかりやすい形式で出力できます。Utilities クラスの formatDate メソッドを使うと、日時をさまざまなフォーマットで出力できます。

・Utilities.formatDateメソッド

```
Utilities.formatDate(Dateオブジェクト, タイムゾーン, フォーマット)
```

タイムゾーンはどの地域の標準時間帯かを表す文字列で、日本の場合には「JST」を指定します。また指定できるフォーマットは次のとおりです。

・日付フォーマット

指定文字	説明	例（2025年1月15日）
yyyy	西暦（4桁）	2025
yy	西暦（下2桁）	25
MM	月（2桁）	01
M	月（1桁）	1
dd	日（2桁）	15
d	日（1桁）	15
EEEE	曜日（フルスペル）	Wednesday
EEE	曜日（省略形）	Wed

・時刻フォーマット

指定文字	説明	例（22時5分8秒）
HH	時間（24時間制、2桁）	22
H	時間（24時間制、1桁）	22
hh	時間（12時間制、2桁）	10
h	時間（12時間制、1桁）	10
mm	分（2桁）	05
m	分（1桁）	5
ss	秒（2桁）	08
s	秒（1桁）	8
a	午前／午後	AMまたはPM

formatDate メソッドで同一の日時をさまざまな形式で出力してみましょう。

・sample6-3.gs（func6_3_9関数）

```
72 function func6_3_9() {
73   // 日時からDateオブジェクトを作成
74   let date = new Date('2024-01-15 22:05:08');
75   // 標準的な日付と時刻
```

```
76    console.log(Utilities.formatDate(date,'JST','yyyy-MM-dd HH:mm:ss'));
77    // 年・月・日・曜日
78    console.log(Utilities.formatDate(date,'JST','yyyy/MM/dd （EEEE） '));
79    // 時・分・秒
80    console.log(Utilities.formatDate(date,'JST','HH時mm分ss秒'));
81  }
```

• **実行結果**

```
2024-01-15 22:05:08
2024/01/15 （Monday）
22時05分08秒
```

例題 6-2 ★★☆

次の配列はある予定表の一部です。day6 プロジェクトにスクリプトファイル「testdata.gs」を作成し、配列 scheduleData を作りなさい。そのうえで、配列 scheduleData から 2024 年 1 月 10 日以降、25 日未満の予定を選び、出力する処理をしなさい。なお、実行する関数は example6_2 関数とすること。

• **予定表（testdata.gs）**

```
83  const scheduleData = [
84    ['日付', '開始時間', '終了時間', '予定'],
85    ['2024-01-01', '10:00', '12:00', '新年会'],
86    ['2024-01-05', '', '', 'プロジェクトキックオフ'],      // 時間未指定
87    ['2024-01-10', '13:30', '15:00', '会議'],
88    ['2024-01-15', '', '', 'レビュー'],                    // 時間未指定
89    ['2024-01-20', '15:00', '17:00', 'クライアント訪問'],
90    ['2024-01-25', '09:00', '11:00', '研修'],
91    ['2024-01-30', '', '', '打ち合わせ']                   // 時間未指定
92  ];
```

• **期待する実行結果**

```
2024-01-10:会議
2024-01-15:レビュー
2024-01-20:クライアント訪問
```

解答例と解説

sample6-3.gs（example6_2関数）

```
94  function example6_2() {
95    // 開始日・終了日のDateオブジェクトの作成
96    let startDay = new Date('2024-01-10');
97    let endDay = new Date('2024-01-25');
98    // 最初の行をカット
99    scheduleData.pop();
100   // 開始日から終了日までで該当する日付があれば表示
101   for(let row of scheduleData) {
102     // 日付の列をもとに、Dateオブジェクトを生成
103     let day = new Date(row[0]);
104     // 日付が指定区間内であれば、日付と予定を表示
105     if(day >=startDay  && day < endDay) {
106       console.log(row[0] + ':' + row[3]);
107     }
109   }
109 }
```

同一プロジェクトに複数のスクリプトファイルがあるとき、グローバル変数は別のスクリプトファイルからもアクセスできます。そのため、「testdata.gs」の配列scheduleDataは、sample6-3.gsのexample6_2関数からもアクセス可能です。

指定された範囲の予定を取得するために、example6_2関数で開始日と終了日を指定したDateオブジェクトを2つ生成します。

配列scheduleDataから最初に行をカットし、for文で1行ずつ取得します。日付は0列目なので、その値をもとにDateオブジェクトを生成し、それが開始日以降、終了日未満であれば、日付と予定（3列目のデータ）を出力します。

3 アプリケーション開発①

- スプレッドシートのアプリケーションを開発する
- TODO リストを開発する

3-1 TODO リストの開発

- スプレッドシートを利用して TODO リストを作る
- 残項目や優先順位による並べ替えができるようにする

TODO リストの開発

ここでは今まで学習してきた成果を生かして TODO リストを作っていきましょう。TODO リストとは、日常生活や仕事でやるべきことをリスト化して管理する表のことです。業務進捗の管理や、作業の抜け漏れ防止を目的として作成されます。

◉スクリプトの準備

この節では、新しいスプレッドシートを作成しましょう。新しいスプレッドシートの名前を「TODOLIST」とし、プロジェクト名も「TODOLIST」としてください。そのうえで、スクリプトの名前を「todo.gs」にしてください。

スクリプトはのちほど説明しますので、どのような機能を持つアプリケーションなのかを見ていきましょう。

◉TODOリストの実行

TODO リストのテンプレートを設定する setupTodoSheet 関数を実行すると、スプレッドシートが次のような状態になり、カスタムメニューに「TODO 操作」が追加されます。

・アプリケーションの初期状態

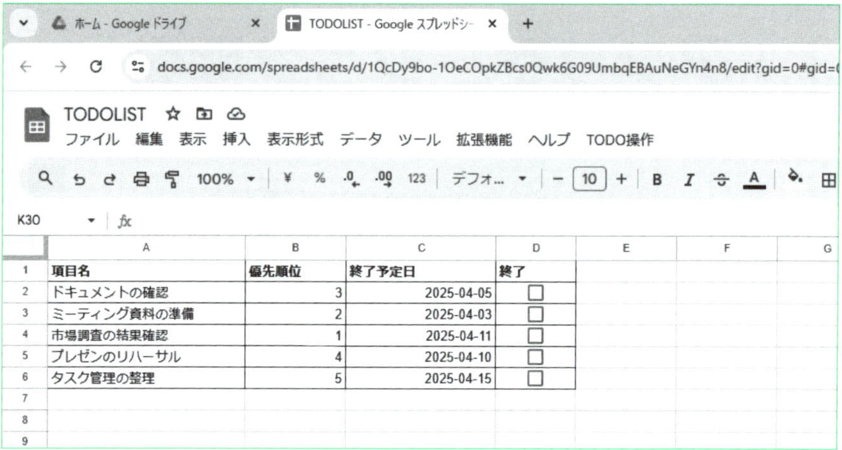

	A	B	C	D
1	項目名	優先順位	終了予定日	終了
2	ドキュメントの確認	3	2025-04-05	☐
3	ミーティング資料の準備	2	2025-04-03	☐
4	市場調査の結果確認	1	2025-04-11	☐
5	プレゼンのリハーサル	4	2025-04-10	☐
6	タスク管理の整理	5	2025-04-15	☐

スプレッドシートに設定された表（TODO リスト）には、項目名、優先順位、終了予定日、終了という要素があります。優先順位は 1 ～ 5 の整数で表し、数値が大きいほど優先度が高くなります。また、終了のチェックボックスをチェックしたタスクは終了したものとします。

・TODOリストにチェックを付けた状態

	A	B	C	D
1	項目名	優先順位	終了予定日	終了
2	ドキュメントの確認	3	2025-04-05	☐
3	ミーティング資料の準備	2	2025-04-03	☑
4	市場調査の結果確認	1	2025-04-11	☐
5	プレゼンのリハーサル	4	2025-04-10	☑
6	タスク管理の整理	5	2025-04-15	☐

◎ カスタムメニューの内容

［TODO 操作］をクリックすると、1 つのサブメニューと、4 つのアイテムが表示されます。

さらにサブメニュー「並べ替え」の中には、「優先順位で並べ替え」と「終了予定日で並べ替え」の 2 つのアイテムがあります。

・メニュー「TODO操作」の内容

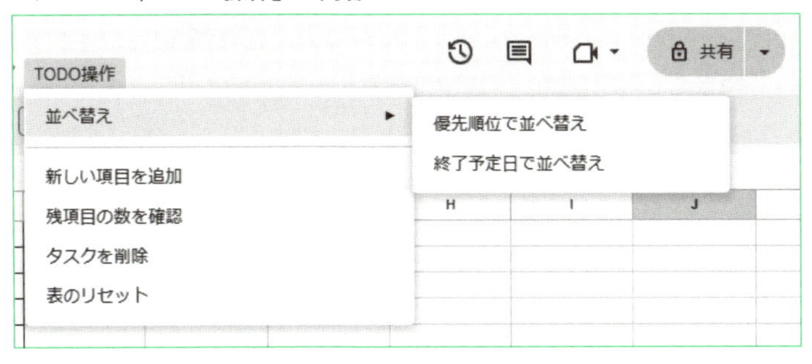

◉ リストの並べ替え

TODO リストは 2 つの方法で並べ替えることができます。［並べ替え］－［優先順位で並べ替え］をクリックすると、優先順位が高いものが先頭に来るように並べ替えられます。

・優先順位で並べ替え

	A	B	C	D	E
1	項目名	優先順位	終了予定日	終了	
2	タスク管理の整理	5	2025-04-15	☐	
3	プレゼンのリハーサル	4	2025-04-10	☐	
4	ドキュメントの確認	3	2025-04-05	☐	
5	ミーティング資料の準備	2	2025-04-03	☐	
6	市場調査の結果確認	1	2025-04-11	☐	
7					
8					

［並べ替え］－［終了予定日で並べ替え］をクリックすると、終了予定日が近い順番で並べ替えられます。

・終了予定日で並べ替え

	A	B	C	D	E
1	項目名	優先順位	終了予定日	終了	
2	ミーティング資料の準備	2	2025-04-03	☐	
3	ドキュメントの確認	3	2025-04-05	☐	
4	プレゼンのリハーサル	4	2025-04-10	☐	
5	市場調査の結果確認	1	2025-04-11	☐	
6	タスク管理の整理	5	2025-04-15	☐	
7					
8					

◉新しい項目を追加

［新しい項目を追加］をクリックすると、TODO リストに新しい項目を追加できます。項目を追加する際、「項目名」「優先順位」「終了予定日」の入力が求められます。

優先順位は 1 ～ 5 の整数、終了予定日は「2024-01-30」のように「YYYY-MM-DD」の形式で入力します。指定された形式で入力しなかった場合は、自動的に新しい項目の追加がキャンセルされます。

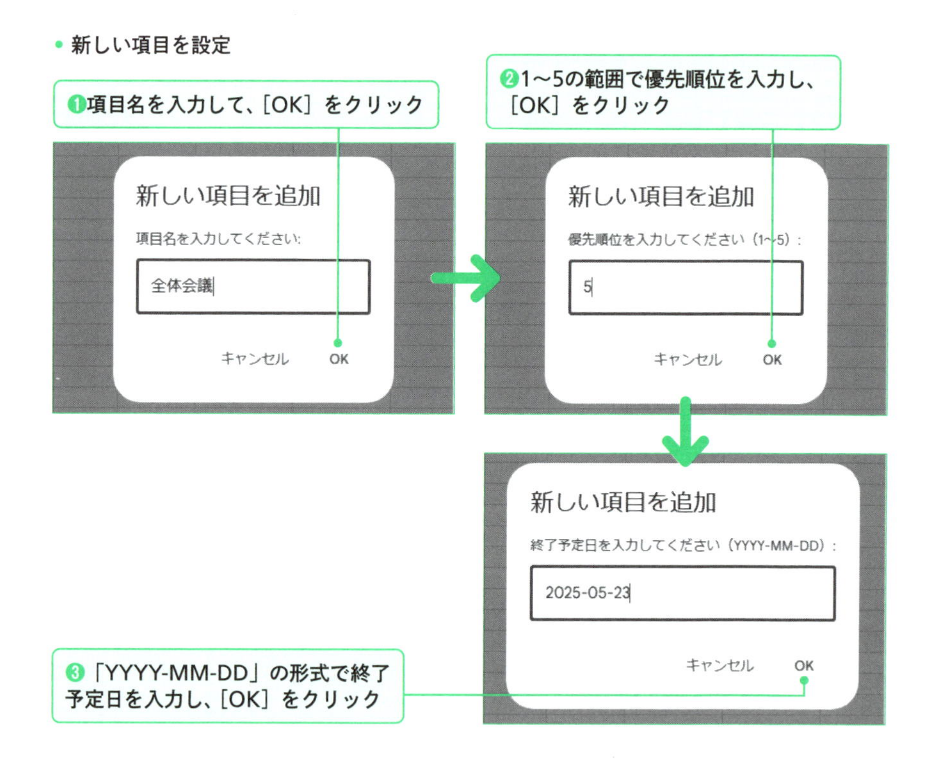

● 新しい項目の追加の完了

	A	B	C	D	E
1	項目名	優先順位	終了予定日	終了	
2	ミーティング資料の準備	2	2025-04-03	☐	
3	ドキュメントの確認	3	2025-04-05	☐	
4	プレゼンのリハーサル	4	2025-04-10	☐	
5	市場調査の結果確認	1	2025-04-11	☐	
6	タスク管理の整理	5	2025-04-15	☐	
7	全体会議	5	2025-05-23	☐	
8					
9					

❹新しい項目が追加される

◉ 残項目の数を確認

［残項目の数を確認］をクリックすると、終了していない（チェックが付いていない）項目の数が得られます。

● 残項目の数を確認

◉ タスクを削除

［タスクを削除］をクリックすると、削除するタスクの行番号の入力が求められます。タスクの行番号を入力して、［OK］をクリックすると、指定した行番号のタスクが削除されます。

● 削除するタスクの番号の入力

◉ 表のリセット

［表のリセット］をクリックすると、リセットするかどうかの確認が求められます。［OK］をクリックすると、setupTodoSheet 関数を実行した直後の状態に戻ります。

● 表のリセット確認

TODOリストの処理

ここからは実際にスクリプトを記述していきましょう。TODOリストは次の8つの関数によって、それぞれの機能を実現します。

● 関数一覧

関数名	概要
setupTodoSheet	TODOリストのテンプレートを出力する
onOpen	アプリ起動時のメニューなどの設定をする
sortByPriority_	リストを優先順位の高い順に並べ替える
sortByDueDate_	リストを日付順に並べ替える
addNewTask_	リストに新しいタスクを追加する
countRemainingTasks_	残っているタスクをカウントする
deleteTask_	タスクを削除する
resetSheet_	シートをリセットする

◎ setupTodoSheet関数

setupTodoSheet関数では、スプレッドシートにTODOリストのテンプレートを設定します。

todo.gs (setupTodoSheet関数)

```
01 function setupTodoSheet() {
02   let sheet = SpreadsheetApp.getActiveSheet();
03   // TODOリストの初期データ
04   let todoData = [
05     ['項目名', '優先順位', '終了予定日', '終了'], // ヘッダー行
06     ['ドキュメントの確認', 3, '2025-04-05', false],
07     ['ミーティング資料の準備', 2, '2025-04-03', false],
08     ['市場調査の結果確認', 1, '2025-04-11', false],
09     ['プレゼンのリハーサル', 4, '2025-04-10', false],
10     ['タスク管理の整理', 5, '2025-04-15', false]
11   ];
12   // シートをクリアして初期データを設定
13   sheet.clear();
14   sheet.getRange(1, 1, todoData.length, todoData[0].length).
   setValues(todoData);
15   // 罫線を設定
16   let range = sheet.getRange(1, 1, todoData.length, todoData[0].length);
17   range.setBorder(true, true, true, true, true, true);
```

```
18    // 列幅を設定（列ごとに異なる幅）
19    sheet.setColumnWidth(1, 200); // 項目名列
20    sheet.setColumnWidth(2, 100); // 優先順位列
21    sheet.setColumnWidth(3, 150); // 終了予定日列
22    sheet.setColumnWidth(4, 80);  // 終了列
23    // ヘッダー行を太字に
24    sheet.getRange(1, 1, 1, todoData[0].length).setFontWeight('bold');
25    // 「終了」列にチェックボックスを設定
26    let checkBoxRange = sheet.getRange(2, 4, todoData.length - 1, 1);
27    checkBoxRange.insertCheckboxes(); // チェックボックスを挿入
28  }
```

アクティブなシートを取得してクリアしたあと、配列 todoData をシートに設定します。値を設定したあと、値を設定した範囲に罫線とセルの幅を設定し、1 行目を太字にしています。

セルの幅は、シートオブジェクトの setColumnWidth メソッドで設定しています。なお、幅はピクセル数で指定します。

• SheetオブジェクトのsetColumnWidthメソッド

```
Sheetオブジェクト.setColumnWidth(セルの列番号, 幅)
```

そして 4 列目に、チェックボックスを設定します。

• 4列目をチェックボックスを設定（setupTodoSheet関数／26、27行目）

```
let checkBoxRange = sheet.getRange(2, 4, todoData.length - 1, 1);
checkBoxRange.insertCheckboxes(); // チェックボックスを挿入
```

4 列目の 2 行目から、todoData.length-1 行（元のデータから最初のタイトルの 1 行を抜いた行数）1 列の範囲を指定し、そこで insertCheckboxes メソッドを実行しています。insertCheckboxes メソッドは、**スプレッドシートで選択したセル範囲内にチェックボックスを挿入**する働きがあります。**セルの値が true であればチェックマークが付いた状態、false であればチェックマークが付いていない状態を表します。**

配列 todoData の 4 列目の値はすべて false なので、スプレッドシートの 4 列目にはチェックマークが付いていないチェックボックスが設定されます。

• 4列目をチェックボックスにする処理

	A	B	C	D
1	項目名	優先順位	終了予定日	終了
2	ドキュメントの確認	3	2025-04-05	☐
3	ミーティング資料の準備	2	2025-04-03	☑
4	市場調査の結果確認	1	2025-04-11	☐
5	プレゼンのリハーサル	4	2025-04-10	☑
6	タスク管理の整理	5	2025-04-15	☐

1 2 3 4

false
true
false
true
false

```
let checkBoxRange = sheet.getRange(2, 4, todoData.length - 1, 1);
checkBoxRange.insertCheckboxes();
```

◎ onOpen関数

onOpen 関数では、カスタムメニューの追加を行います。

todo.gs（onOpen関数）

```
30 function onOpen() {
31   let ui = SpreadsheetApp.getUi();
32 
33   // サブメニュー「並べ替え」
34   let sortMenu = ui.createMenu('並べ替え')
35     .addItem('優先順位で並べ替え', 'sortByPriority_')
36     .addItem('終了予定日で並べ替え', 'sortByDueDate_');
37 
38   // メインメニュー「TODO操作」
39   ui.createMenu('TODO操作')
40     .addSubMenu(sortMenu) // サブメニューを追加
41     .addSeparator()       // メニューの仕切りを追加
42     .addItem('新しい項目を追加', 'addNewTask_')
43     .addItem('残項目の数を確認', 'countRemainingTasks_')
44     .addItem('タスクを削除', 'deleteTask_') // タスク削除機能
45     .addItem('表のリセット', 'resetSheet_') // 表リセット機能
46     .addToUi();
47 }
```

まずメニュー「並べ替え」を作成し、変数sortMenuに代入します。変数sortMenuを、次に作成するメニュー「TODO 操作」に対し、addSubMenu メソッドで追加します。addSubMenu メソッドは、メニューにサブメニューを追加するものです。

addSubMenu メソッドでメニュー「TODO 操作」にサブメニュー「並べ替え」が追加され、その下に「優先順位で並べ替え」、「終了予定日で並べ替え」というアイテムがある状態になります。

また、addSeparator メソッドにより、メニューにセパレータ（横線）を追加することができます。

● サブメニュー・セパレータの挿入

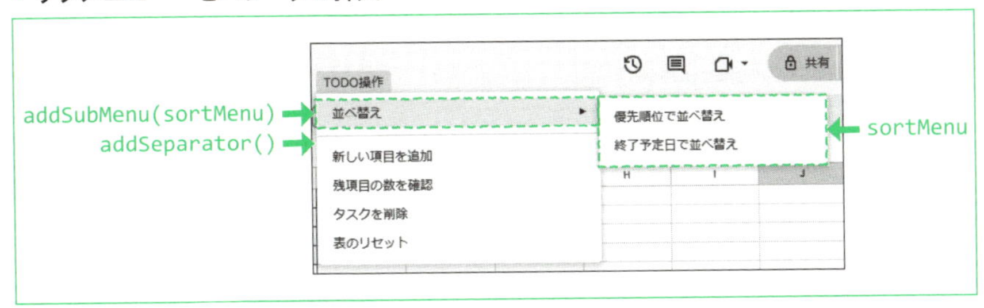

◉ sortByPriority_関数

sortByPriority_ 関数は、サブメニュー「並べ替え」の「優先順位で並べ替え」を行うときに呼び出され、2 列目の優先順位で降順に並べ替え処理を行います。

todo.gs（sortByPriority_関数）

```
49 function sortByPriority_() {
50   let sheet = SpreadsheetApp.getActiveSheet();
51   let range = sheet.getRange(2, 1, sheet.getLastRow() - 1, sheet.
   getLastColumn());
52   range.sort({ column: 2, ascending: false });
53 }
```

◉ sortByDueDate_関数

sortByPriority_ 関数は、サブメニュー「並べ替え」の「終了予定日で並べ替え」を行うときに呼び出され、3 列目の日付で昇順に並べ替え処理を行います。

todo.gs（sortByDueDate_関数）

```
55 function sortByDueDate_() {
56   let sheet = SpreadsheetApp.getActiveSheet();
57   let range = sheet.getRange(2, 1, sheet.getLastRow() - 1, sheet.
   getLastColumn());
58   range.sort({ column: 3, ascending: true });
59 }
```

addNewTask_関数

addNewTask_関数は、「新しい項目を追加」を行うときに呼び出され、新しいタスクを追加します。

todo.gs (addNewTask_関数)

```
61 function addNewTask_() {
62   let ui = SpreadsheetApp.getUi();
63   let sheet = SpreadsheetApp.getActiveSheet();
64   let lastRow = sheet.getLastRow();
65   // A.新しい項目を入力
66   let taskNameResponse = ui.prompt('新しい項目を追加', '項目名を入力してください:', ui.ButtonSet.OK_CANCEL);
67   if (taskNameResponse.getSelectedButton() !== ui.Button.OK) {
68     return;
69   }
70   let taskName = taskNameResponse.getResponseText().trim();
71   if (!taskName) {
72     return;
73   }
74   // B.新しい項目の優先順位を入力
75   let priorityResponse = ui.prompt('新しい項目を追加', '優先順位を入力してください (1～5) :', ui.ButtonSet.OK_CANCEL);
76   if (priorityResponse.getSelectedButton() !== ui.Button.OK) {
77     return;
78   }
79   let priority = parseInt(priorityResponse.getResponseText().trim(), 10);
80   if (isNaN(priority) || priority < 1 || priority > 5) {
81     return;
82   }
83   // C.新しい項目の終了予定日を入力
84   let dueDateResponse = ui.prompt('新しい項目を追加', '終了予定日を入力してください (YYYY-MM-DD) :', ui.ButtonSet.OK_CANCEL);
85   if (dueDateResponse.getSelectedButton() !== ui.Button.OK) {
86     return;
87   }
88   let dueDate = dueDateResponse.getResponseText().trim();
89   if (!dueDate || isNaN(Date.parse(dueDate))) {
90     return;
91   }
92   // 新しい行の追加
93   let newRow = [taskName, priority, dueDate, false];
94   sheet.appendRow(newRow);
```

```
95    // 新しい行の罫線を設定
96    let newRange = sheet.getRange(lastRow + 1, 1, 1, sheet.
   getLastColumn());
97    newRange.setBorder(true, true, true, true, true, true);
98    // 「終了」列にチェックボックスを設定
99    sheet.getRange(lastRow + 1, 4).insertCheckboxes();
100  }
```

ここではいくつか新しい項目が出ているので、その説明をしましょう。

(1) プロンプトの表示

新しいタスクを追加する際、**プロンプト**を利用しています。プロンプトは、ユーザーに対して入力を求めるダイアログボックスのことです。プロンプトはメニューと同様に、**UI オブジェクト**から取得できます。そのため、addNewTask_ 関数の処理は UI オブジェクトの取得からはじまります。

- **UIオブジェクトの取得**（addNewTask_関数／62行目）

```
let ui = SpreadsheetApp.getUi();
```

プロンプトの表示には、UI オブジェクトの prompt メソッドを使います。表示するメッセージのみを指定する場合、引数は 1 です。タイトルやボタンセット（ボタンの種別）を指定したい場合は、引数が 3 つになります。

- **UIオブジェクト.promptメソッドの書式①**

```
UIオブジェクト.prompt(メッセージ)
```

- **UIオブジェクト.promptメソッドの書式②**

```
UIオブジェクト.prompt(タイトル, メッセージ, ボタンセット)
```

ボタンセットは「ui.ButtonSet.〇〇」と記述し、〇〇にはボタンの種類を記述します。ボタンの種類は次のとおりです。

・ui.ButtonSetのボタンセット

ボタン	概要
OK	「OK」のみ
OK_CANCEL	「OK」と「キャンセル」のみ
YES_NO	「はい」と「いいえ」
YES_NO_CANCEL	「はい」と「いいえ」と「キャンセル」

なおこのボタンの種類は、UIオブジェクトのalertメソッドでアラートダイアログを表示する際、アラートダイアログのボタン設定にも使用します。

66行目では、promptメソッドを呼び出して、戻り値を変数taskNameResponseに代入します。

・プロンプトを出す（addNewTask_関数／66行目）

```
let taskNameResponse = ui.prompt('新しい項目を追加', '項目名を入力してください:', ui.ButtonSet.OK_CANCEL);
```

promptメソッドの戻り値は、PromptResponseオブジェクトです。66行目の処理を実行すると、タイトルが「新しい項目を追加」、メッセージが「項目名を入力してください:」で、［OK］ボタンと［CANCEL］ボタンがあるプロンプトが出現します。

・UIオブジェクトのプロンプト

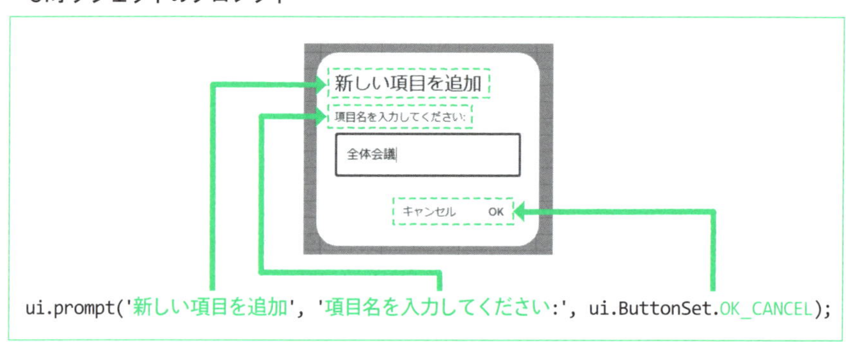

(2) PromptResponse クラス

PromptResponse クラスには次のメソッドがあり、PromptResponse オブジェクトからユーザーがフィールド入力した値とクリックしたボタンセットが得られます。

• PromptResponseクラスのメソッド

メソッド	処理内容
getSelectedButton	選択されたボタン
getResponseText	入力した文字列の取得

67 ～ 69 行目では、［OK］ボタン以外がクリックされた場合、return 文で関数の処理を終了させます。

• **入力されたボタンの種類の確認**（addNewTask_関数／67～69行目）

```
if (priorityResponse.getSelectedButton() !== ui.Button.OK) {
  return;
}
```

［OK］ボタンがクリックされた場合は、入力内容を取得します。

• **タスク名の取得**（addNewTask_関数／70行目）

```
let taskName = taskNameResponse.getResponseText().trim();
```

戻り値は文字列ですが、メソッドチェーンを用いて String の trim メソッドを実行しています。このメソッドは、文字列の先頭と末尾から空白（ホワイトスペース）を削除するためのメソッドで、純粋に入力された文字列だけにするものです。

(3) 数値・日付の確認

入力する内容の中に、数値がある場合、入力内容が数値かどうかを確認する必要があります。その際に利用するのが **isNaN 関数**です。

この関数は、与えられた値が NaN（Not a Number）、つまり数値以外であるかどうかを判定するために使用されます。そのため、数値以外を入力すると、true になります。この処理は入力した優先順位（priority）が適切な数値かどうかを確認するために利用します。

以下の処理では、priorityに数値以外が入力された（「isNaN(priority)」の戻り値がtrue）場合、数値1未満の場合、数値5より大きい場合は、優先順位の数値として正しくないとみなし、関数を終了します。

- **優先順位（priority）が適切かどうかの判定（addNewTask_関数／80～82行目）**

```
if (isNaN(priority) || priority < 1 || priority > 5) {
  return;
}
```

また、isNaNは日付の入力が適切かどうかを調べる場合にも使えます。

- **日付（dueDate）が適切かどうかの判定（addNewTask_関数／89～91行目）**

```
if (!dueDate || isNaN(Date.parse(dueDate))) {
  return;
}
```

Date.parseメソッドは、無効な日付の場合に戻り値NaNが得られるため、この処理で適切な日付が入力されたかどうかを判断することが可能です。

（4）項目を追加する

（1）～（3）で追加する項目が確定すると、92～94行目で最終行のあとに新しい項目が追加されます。項目を追加したあとは、罫線の設定と、チェックボックスの設定を行います。

◎countRemainingTasks_関数

終了していないタスクの数をカウントする関数です。

todo.gs（countRemainingTasks_関数）

```
102 function countRemainingTasks_() {
103   let sheet = SpreadsheetApp.getActiveSheet();
104   let lastRow = sheet.getLastRow();
105   let remainingTasks = 0; // 残項目の数
106   for (let row=2 ; row <= lastRow ; row++) {
107     let status = sheet.getRange(row, 4).getValue();
108     if (status === false) { // チェックが入っていない場合
109       remainingTasks++;
110     }
111   }
```

```
112    let ui = SpreadsheetApp.getUi();
113    ui.alert('未完了のタスク数: '+remainingTasks);
114  }
```

Sheet オブジェクトで 4 列目のデータを取得し、値が false（チェックマークが付いていない）ではない、セルの数をカウントします。カウントした結果は、UI オブジェクトの alert メソッドで出力します。

- **UIオブジェクトのalertメソッドの書式①**

```
UIオブジェクト.alert(メッセージ)
```

- **UIオブジェクトのalertメソッドの書式②**

```
UIオブジェクト.alert(タイトル, メッセージ, ボタンセット)
```

alert メソッドの書式は prompt メソッドと同じです。**違いはアラートダイアログはユーザーからキーボードの入力を求めないという点です**。ボタンセットを省略した場合、［OK］ボタンが表示されます。

◉ deleteTask_関数

プロンプトから削除する行番号をプロンプトに入力してもらい、その行が存在すれば削除します。

todo.gs（deleteTask_関数）

```
116  function deleteTask_() {
117    let ui = SpreadsheetApp.getUi();
118    let sheet = SpreadsheetApp.getActiveSheet();
119
120    let taskRowResponse = ui.prompt('タスクを削除', '削除するタスクの行番号を入力してください（2から始まる行番号）：', ui.ButtonSet.OK_CANCEL);
121    if (taskRowResponse.getSelectedButton() !== ui.Button.OK) {
122      return;
123    }
124    // 入力された行が適切かどうか（数値であり、2以上、最後の行番号以下であるかを確認）
125    let taskRow = parseInt(taskRowResponse.getResponseText().trim(), 10);
126    if (isNaN(taskRow) || taskRow < 2 || taskRow > sheet.getLastRow()) {
```

```
127      return;
128    }
129    sheet.deleteRow(taskRow); // 該当行を削除
130    // 罫線を再設定
131    let range = sheet.getRange(1, 1, sheet.getLastRow(), sheet.
  getLastColumn());
132    range.setBorder(true, true, true, true, true, true);
133  }
```

削除対象の行番号は2以上、最終行以下の値で、それ以外の値をプロンプトに入力すると処理は何も行われません。該当する行が存在する場合には、変数 taskRow に代入し、sheet.deleteRow メソッドで削除します。

- **行の削除（deleteTask_関数／129行目）**

```
sheet.deleteRow(taskRow);
```

sheet.deleteRow メソッドは、引数で受け取った行を削除します。削除したあと、罫線を引き直して、関数の処理が終了します。

◉resetSheet_関数

TODO リストをリセットする関数です。

todo.gs（resetSheet_関数）

```
135  function resetSheet_() {
136    let ui = SpreadsheetApp.getUi();
137    let response = ui.alert('リセット確認', '本当にクリアしますか？',
  ui.ButtonSet.YES_NO);
138    if (response === ui.Button.YES) {
139      setupTodoSheet(); // 初期化処理を呼び出す
140    }
141  }
```

リセットする前にアラートダイアログで確認を行います。ボタンセットとして「ui.ButtonSet.YES_NO」が設定されているので、「OK（YES）」か「いいえ」の選択肢が示されます。「OK（YES）」が選択されれば setupTodoSheet メソッドを実行し、初期化処理を実行します。

4 練習問題

正解は 287 ページ

プロジェクト「day6」にスクリプトファイル「exercise6.gs」を追加し、解答のスクリプトを記述しなさい。

問題 6-1 ★☆☆

次の problem1 関数は、Calc クラスが定義されています。Calc クラスは、コンストラクタで引数 a、引数 b を受け取り、それぞれをプロパティ a とプロパティ b に代入します。Calc クラスの add 関数では、プロパティ a とプロパティ b の和を戻り値として返します。

[変更前] problem1関数

```
function problem1() {
  // Calcクラス
  class Calc {
    constructor(a, b){
      this.a = a;
      this.b = b;
    }
    add() {
      return this.a + this.b;
    }
  }
  // Calcクラスのインスタンスの生成
  let calc = new Calc(5,1);
  // 引数として与えた２つの数の和を計算し出力
  console.log(calc.a + '+' + calc.b + '=' + calc.add());
}
```

- ［変更前］実行結果

```
5+1=6
```

problem1 関数に次のように変更してください。

- Calc クラスにプロパティ a、プロパティ b の差を返す sub メソッドを追加する
- Calc オブジェクトの sub メソッドを呼び出しを追加して、次と同様の結果を得る

- ［変更後］実行結果

```
5+1=6
5-1=4
```

問題 6-2 ★★☆

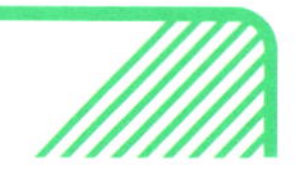

1 ～ 100 の範囲で 5 つの乱数を生成し、配列の要素とする。その配列を console.log で出力しなさい。また、その配列の要素の最大値と最小値を console.log で出力しなさい。

なお、最大値･最小値を求める際は、Math.max 関数、Math.min 関数を用いること。

- 期待する実行結果（実行するたびに結果は異なります）

```
[ 30, 61, 36, 90, 24 ]
最大値:90
最小値:24
```

問題 6-3 ★★☆

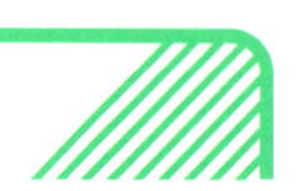

2025 年 1 月 1 日の 12 時 30 分から 2025 年 1 月 2 日 15 時 0 分の差は何時間になるかを、Date オブジェクトを用いて計算しなさい。

なお、30 分は 0.5 時間として扱うこと。

7日目

Googleのサービスを活用する

1 サービスを活用したさまざまな操作

- スプレッドシート以外のサービスを使ってみる
- メール・カレンダー・フォームを使ってみる
- スプレッドシートと連携してみる

1-1 Gmail サービス

- Gmail サービスを利用する
- Gmail とスプレッドシートを連携させる

Gmail サービスの利用

ここからはスプレッドシート以外のアプリケーションを GAS で操作していくことにします。

まずは Gmail の操作です。GAS で Gmail を操作するためには、Gmail サービスを使います。Gmail サービスで利用する主なクラスは次のとおりです。

● Gmailサービスで利用する主なクラス

クラス	説明
GmailApp	Gmailサービスのトップのクラス
GmailThread	スレッドを操作するクラス
GmailMessage	Gmailのメッセージ（メール）を操作するためのクラス
GmailDraft	下書きを操作するクラス
GmailAttachment	メッセージの添付ファイルを操作する機能を提供する

◎ 学習の準備

新しいスプレッドシートを作り、名前を「lesson7」としてください。プロジェクト名を「day7」に、「コード .gs」を「sample7-1.gs」に変更してください。

新規メッセージを送信する

Gmail サービスを利用して、メールを送信する方法を説明します。

新規メッセージの送信には、GmailApp クラスの sendEmail メソッドを利用します。

- Gmailによるメールの送信

```
GmailApp.sendEmail(宛先 ,件名 , 本文[,オプション]);
```

宛先、件名、オプションは文字列で設定します。オプションはオブジェクトで設定し、次のような項目を設定します。

- sendEmailメソッドの主なオプション

オプション名	データ型	概要
attachments	Blobsources[]	添付ファイルの配列
bcc	String	bccに設定するメールアドレス
cc	String	ccに設定するメールアドレス
from	String	送信元のエイリアス （エイリアスとして設定されている場合のみ）
name	String	送信者名

それでは、メールを送信するサンプルを作ってみることにしましょう。

sample7-1.gs（func7_1_1関数）

```
01 function func7_1_1() {
02   // 送信先のメールアドレス（適宜入力）
03   const recipient = '×××××××××××';
04   // 件名
05   const subject = 'テストメール';
06   // 本文
07   const body = 'これはGoogle Apps Script\nから送信されたテストメールです。';
08   // オプション（オブジェクトで指定）
09   let options = {
```

```
10      cc:'×××××××××××', // 任意のメールアドレスを入力
11      name:'Impress太郎'
12    };
13    // メールを送信
14    GmailApp.sendEmail(recipient, subject, body, options);
15    console.log('メールを送信しました。');
16  }
```

- **実行結果**

```
メールを送信しました。
```

変数recipientには送信先（TO）のメールアドレス、optionsオブジェクトのccプロパティにはCCのメールアドレスを代入してください。送信先のメールアドレスは、次のようなメールを受信します。

- **送信したメールの内容**

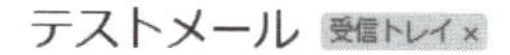

タイトルは「テストメール」、送信者の名前は「Impress太郎」となります。複数メールアドレスを指定する場合は「,」で区切ります。

また、本文に改行を入れたい場合は、エスケープシーケンス「\n」を利用します。

メールの下書きを作成する

次はメールの下書きを作成してみましょう。

Gmailでメールの下書きを作成するには、GmailAppクラスのcreateDraftメソッドを利用します。

- **Gmailによるメールの下書きの作成**

```
GmailApp.createDraft(宛先, 件名 , 本文[,オプション]);
```

基本的な設定項目はsendEmailメソッドと同じです。

次のfunc7_1_2関数を入力・実行すると、メールの下書きが作成されます。

sample7-1.gs（func7_1_2関数）

```
18 function func7_1_2() {
19   // 送信先のメールアドレス
20   const recipient = '×××××××××××';
21   // 件名
22   const subject = 'テストメール';
23   // 本文
24   const body = 'これはGoogle Apps Script\nで作成されたメールの下書きです。';
25   // オプション（オブジェクトで指定）
26   let options = {
27     cc:'×××××××××××', // 任意のメールアドレスを入力
28     name:'Impress太郎'
29   };
30   // メールを送信
31   GmailApp.createDraft(recipient, subject, body, options);
32   console.log('メールの下書きが完成しました');
33 }
```

- **実行結果**

```
メールの下書きが完成しました
```

作成した下書きはGmailの「下書き」に追加されます。

- **作成されたメールの下書き**

テストメール

テストメール

これはGoogle Apps Script
で作成されたメールの下書きです。

あとは必要に応じて本文を編集したり、添付ファイルを追加したりして送信することができます。

1-2 Calendar サービス

- カレンダーに予定を追加する
- カレンダーの情報を取得する

Calendar サービスの利用

続いて Calendar サービスを利用してみましょう。Calendar サービスは、GAS で Google カレンダーを操作するためのサービスです。Calendar サービスを利用することにより、カレンダーにイベントを登録したり、カレンダーからイベントを取得したりすることができます。

学習の準備

スクリプトを記述する新しいファイル「sample7-2.gs」を追加してください。

Calendar サービスのクラス

Caldneder サービスを操作するために次のようなクラスが用意されています。

• Calendarサービスのクラス

クラス名	概要
CalendarApp	Calendarサービスのトップレベルのオブジェクト
Calendar	カレンダーを操作するクラス
CalendarEvent	カレンダー内の個々のイベントを操作するクラス

これらのクラスは、CalendarApp → Calendar → CalendarEvent という階層構造になっています。Google カレンダーに当てはめると、次のように関係性を表せます。

- Googleカレンダーと Calendarサービスのクラスの関係性

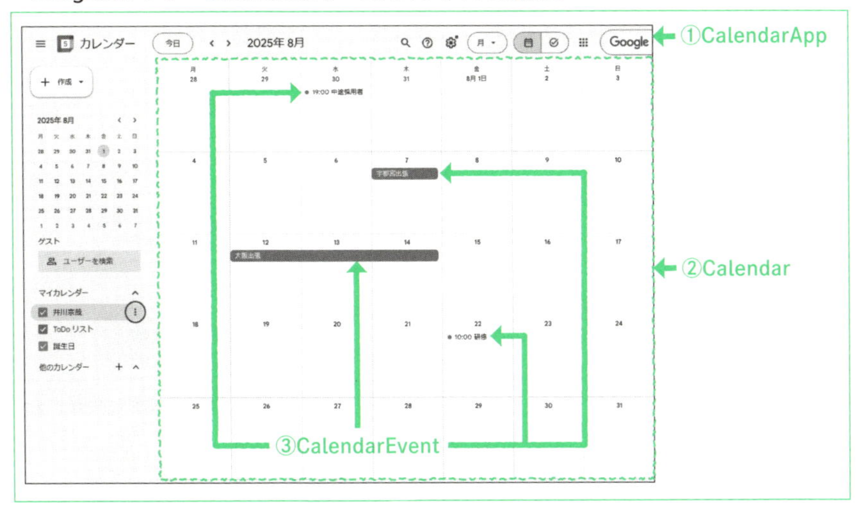

◎ カレンダーを操作する方法

カレンダーを操作するには、CalendarApp クラスからカレンダーを取得する必要があります。カレンダーは主に次のような方法で取得できます。

- **デフォルトカレンダー**
- **カレンダー ID による取得**

デフォルトカレンダーは「マイカレンダー」として表示されるもので、Google カレンダーのメインページに表示される最初のカレンダーです。それ以外のカレンダーは**カレンダー ID** 等の方法で取得します。

- CalendarAppでカレンダーを取得する主なメソッド

メソッド	概要
getDefaultCalendar()	デフォルトカレンダーを取得する
getCalendarById(id)	idでカレンダーを取得する

◎ カレンダーIDの取得

自分のカレンダー ID は、次の手順で取得できます。

(1) カレンダー設定を開く

「マイカレンダー」の自分のユーザー名の横にある[⋮]をクリック(①)し、さらに[設定と共有] をクリックします (②)。

● カレンダーの設定を開く

(2)「カレンダーの統合」を開く

設定画面が表示されるので、[カレンダーの統合] をクリックします。「カレンダーの統合」内に、「カレンダー ID」が表示されています。

● カレンダーIDの確認

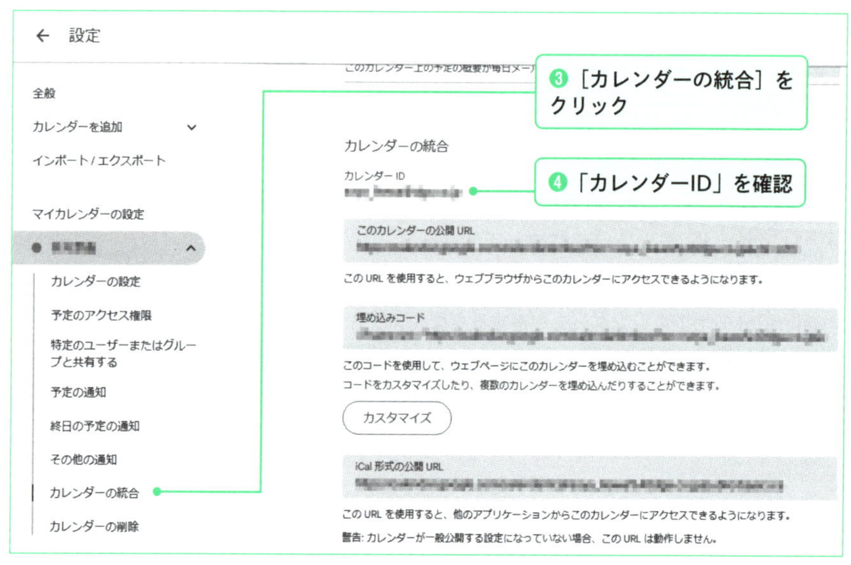

通常、デフォルトカレンダーの ID はユーザーの Gmail アドレスです。

イベントを作成する

次はカレンダーを操作してイベントの作成(スケジュールの登録)を行ってみましょう。イベントには**通常イベント**と**終日イベント**があります。

通常イベントは、開始日時と終了日時を指定して作成するイベントです。

- **通常イベントの登録方法**

```
Calendarオブジェクト.createEvent(タイトル, 開始日時, 終了日時[,オプション])
```

終日イベントは1日全体にわたるイベントで、作成方法は2つあります。

- **終日イベントの登録方法①(1日の場合)**

```
Calendarオブジェクト.createAllDayEvent(タイトル, 日付[,オプション])
```

- **終日イベントの登録方法②(複数の日数の場合)**

```
Calendarオブジェクト.createAllDayEvent(タイトル, 開始日, 終了日[,オプション])
```

オプションはオブジェクト形式で指定します。なお両方で使用できるオプションには以下のようなものがあります。

- **カレンダー登録時に利用できるオプション**

オプション名	型	概要
description	String	イベントの説明
location	String	イベントの場所
guests	String	ゲストとして追加すべきメールアドレスのアカウント
sendinvites	bool	招待メールを送信するかどうか(デフォルトはfalse)

◎通常イベントの作成

次のfunc7_2_1関数では、通常イベントを作成します。入力・実行してみましょう。

sample7-2.gs (func7_2_1関数)

```
01 function func7_2_1() {
02   let calendar = CalendarApp.getDefaultCalendar();
03   let title = 'プロジェクト会議';
```

```
04    let startTime = new Date('2025-08-20 09:00:00');
05    let endTime = new Date('2025-08-20 10:30:00');
06    let options = {
07      location: '東京本社',
08      description: 'プロジェクトの進捗確認会議',
09      guests: 'guest1@example.com, guest2@example.com', // ゲストのメール
    アドレス
10      sendInvites: true // ゲストに招待メールを送信
11    };
12    // イベントを登録
13    let event = calendar.createEvent(title, startTime, endTime, options);
14    console.log('デフォルトカレンダーに詳細なイベントが登録されました: '
    + event.getTitle());
15  }
```

- **実行結果①**

デフォルトカレンダーに詳細なイベントが登録されました: プロジェクト会議

- **実行結果②（カレンダーに登録したイベントをクリックした結果）**

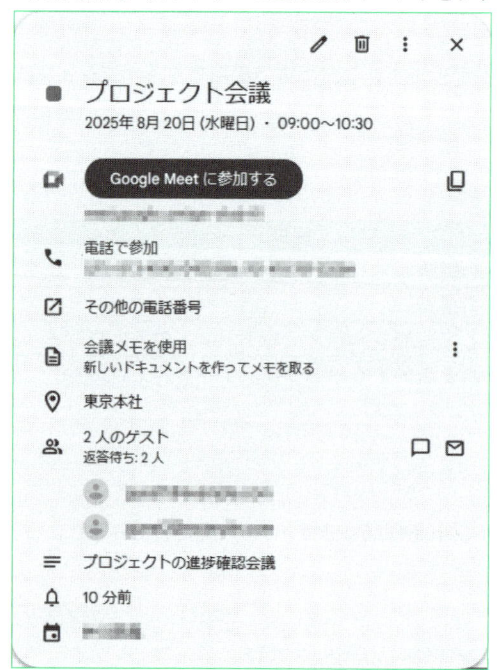

2025 年 8 月 2 日のイベントを作成しています。時間は 9:00 から 10:30 で、各種オプションでタイトルと開始日時・終了日時が登録されています。

◎終日イベントの作成

次は func7_2_2 関数では、終日イベントを作成します。

sample7-2.gs（func7_2_2関数）

```
17 function func7_2_2() {
18   // デフォルトカレンダーを取得
19   let calendar = CalendarApp.getDefaultCalendar();
20   // イベント情報
21   let title = '出張';
22   let startDate = new Date('2025-08-25');  // 終日イベントの開始日
23   let endDate = new Date('2025-08-28');    // 終日イベントの終了日
24   // 終日イベントを登録
25   let event = calendar.createAllDayEvent(title, startDate, endDate);
26   console.log('デフォルトカレンダーに終日イベントが登録されました: ' + event.getTitle());
27 }
```

- **実行結果①**

```
デフォルトカレンダーに終日イベントが登録されました: 出張
```

- **実行結果②（カレンダーに登録したイベントをクリックした結果）**

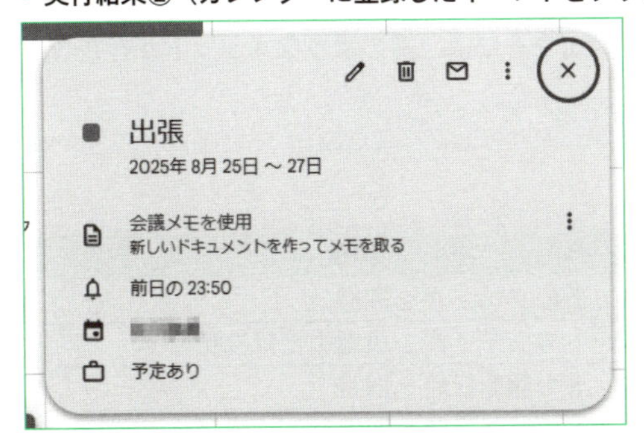

2025 年 8 月 25 ～ 27 日の 3 日にわたる終日イベントを作成しています。

イベントの検索

次は、カレンダー内にあるイベントを検索してみましょう。イベントの検索には、Calendar オブジェクトから getEvents メソッドを呼び出します。

- イベントの検索方法①

```
Calendarオブジェクト.getEvents(開始日時, 終了日時[,オプション]);
```

- イベントの検索方法②

```
Calendarオブジェクト.getEvents(日付[,オプション]);
```

戻り値は、CalendarEvent オブジェクトの配列です。オプションは省略可能ですが、次の項目を設定できます。

- カレンダー検索時に利用できるオプション

オプション名	型	概要
start	整数	取得するイベントの開始位置
max	整数	取得するイベントの最大数
guests	String	ゲストとして追加すべきメールアドレスのアカウント
search	String	検索キーワード

また、取得した CalendarEvent オブジェクトには、次のようなメソッドが存在します。

- CalendarEventクラスのメソッド

メソッド	概要
getTitle()	イベントのタイトルを取得
setTitle(title)	イベントのタイトルを設定または変更
getStartTime()	イベントの開始日時を取得
getEndTime()	イベントの終了日時を取得
setTime(startTime, endTime)	イベントの開始時間と終了時間を変更
getDescription()	イベントの説明を取得
setDescription(description)	イベントの説明を設定または変更
setLocation(location)	イベントの場所を設定または変更
getLocation()	イベントの場所を取得

getGuestList()	出席者（EventGuest オブジェクトの配列）を取得
addGuest(email)	イベントに出席者を追加
deleteEvent()	イベントを削除

◎ イベントの取得

func7_2_1 関数と func7_2_2 関数で生成したイベントを取得してみましょう。

sample7-2.gs（func7_2_3関数）

```
29 function func7_2_3() {
30   let calendar = CalendarApp.getDefaultCalendar();
31   let startTime = new Date('2025-08-01');  // 取得期間の開始日時
32   let endTime = new Date('2025-08-31');    // 取得期間の終了日時
33   // 指定期間内のイベントを取得
34   let events = calendar.getEvents(startTime, endTime);
35   // イベント情報を出力
36   for(let event of events){
37     console.log('イベントタイトル: ' + event.getTitle());
38     console.log('開始日時: ' + event.getStartTime().toLocaleString());
39     console.log('終了日時: ' + event.getEndTime().toLocaleString());
40   };
41 }
```

• 実行結果

```
イベントタイトル: プロジェクト会議
開始日時: 8/20/2025, 9:00:00 AM
終了日時: 8/20/2025, 10:30:00 AM
イベントタイトル: 出張
開始日時: 8/25/2025, 12:00:00 AM
終了日時: 8/28/2025, 12:00:00 AM
```

結果は CalendarEvent オブジェクトの配列で得られます。終日イベントの場合、開始時間・終了時間ともに AM12:00 として出力されていることがわかります。

◎ イベントの削除

最後にイベントを削除する方法です。

CalendarEvent オブジェクトから、deleteEvent メソッドを呼び出すと、そのオブジェクトのイベントが削除されます。

- **イベントの削除**

```
CalendarEventオブジェクト.deleteEvent()
```

次の func7_2_4 関数を入力・実行してみましょう。

sample7-2.gs（func7_2_4関数）

```
43 function func7_2_4() {
44   let calendar = CalendarApp.getDefaultCalendar();
45   let startTime = new Date('2025-08-01');  // 取得期間の開始日時
46   let endTime = new Date('2025-08-31');    // 取得期間の終了日時
47   let deleteTitle = '出張';                // 削除するイベントのタイトル
48   // 指定期間内のイベントを取得
49   let events = calendar.getEvents(startTime, endTime);
50   // タイトルが一致するイベントを削除
51   for(let event of events) {
52     if (event.getTitle() === deleteTitle) {
53       event.deleteEvent();  // イベント削除
54       Logger.log('イベント削除: ' + deleteTitle);
55     }
56   }
57 }
```

- **実行結果**

```
イベント削除: 出張
```

カレンダーを確認すると、タイトルが「出張」のイベントが消えていることがわかります。

例題 7-1 ★★☆

次の配列 scheduleData はあるイベントをまとめている。配列 scheduleData のイベントをカレンダーに反映させなさい。開始時間と終了時間が未指定なものは終日イベントとして登録すること。また、処理は example7_1 関数に記述すること。

● **予定表**

```
const scheduleData = [
  ['日付', '開始時間', '終了時間', '予定'],
  ['2025-11-01', '10:00', '12:00', '新年会'],
  ['2025-11-05', '', '', 'プロジェクトキックオフ'],    // 時間未指定
  ['2025-11-10', '13:30', '15:00', '会議'],
  ['2025-11-15', '', '', 'レビュー'],                  // 時間未指定
  ['2025-11-20', '15:00', '17:00', 'クライアント訪問'],
  ['2025-11-25', '09:00', '11:00', '研修'],
  ['2025-11-30', '', '', '打ち合わせ']                  // 時間未指定
];
```

● **期待する実行結果**

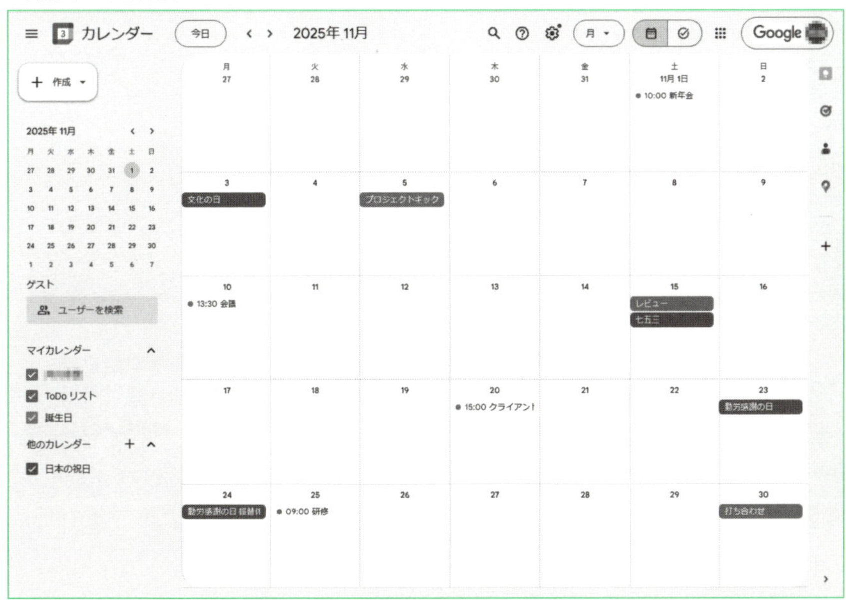

解答例と解説

データは2行目からなので、そこから1行ずつデータを取得していきます。開始時間と終了時間が空文字（''）であれば終日イベント、そうでなければ通常イベントとして登録していきます。

sample7-2.gs（example7_1関数）

```
59 function example7_1() {
60   const scheduleData = [
61     ['日付', '開始時間', '終了時間', '予定'],
62     ['2025-11-01', '10:00', '12:00', '新年会'],
63     ['2025-11-05', '', '', 'プロジェクトキックオフ'],     // 時間未指定
64     ['2025-11-10', '13:30', '15:00', '会議'],
65     ['2025-11-15', '', '', 'レビュー'],                    // 時間未指定
66     ['2025-11-20', '15:00', '17:00', 'クライアント訪問'],
67     ['2025-11-25', '09:00', '11:00', '研修'],
68     ['2025-11-30', '', '', '打ち合わせ']                   // 時間未指定
69   ];
70   let calendar = CalendarApp.getDefaultCalendar();
71   // スケジュールを登録していく
72   for(let i = 1 ; i < scheduleData.length ; i++) {
73     let row = scheduleData[i];
74     let day = row[0];
75     let start = row[1];
76     let end = row[2];
77     let title = row[3];
78     if(start == '' && end == '') {
79       // 終日イベント
80       let date = new Date(day);
81       // 終日イベントを登録
82       let event = calendar.createAllDayEvent(title, date);
83     } else {
84       // イベント
85       let startTime = new Date(day+' '+start);  // イベント開始日時
86       let endTime = new Date(day+' '+end);      // イベント終了日時
87       let event = calendar.createEvent(title, startTime, endTime);
88     }
89   }
90 }
```

1-3 Forms サービス

- GAS で Forms サービスを利用する
- GAS で Forms を自動生成する

Forms サービスの利用

続いて Forms サービスを利用する方法を説明します。Forms サービスは、アンケートなどのフォームの作成や編集、質問の追加、回答の取得などができるサービスです。メールなどを使ってアンケートの URL を誘導し、その結果はスプレッドシートの表として確認することができます。

◉ 学習の準備

フォームは Google ドライブから新規作成することもできますが、GAS を用いてスクリプトで自動生成することができます。ここでは後者の方法を説明します。

サンプルのスクリプトを記述する新しいファイル「sample7-3.gs」を追加してください。

Forms サービスの全体像

Forms サービスは、次の 3 つのクラスの階層からなっています。

- FormApp クラス
  - Form クラス
    - ○○ Item クラス

（1）FormApp クラス

Forms サービスの最上位のクラスです。新しいフォームを生成したり、既存のフォームを取得したりする場合に使用します。

(2) Form クラス

フォームを操作する機能を提供するクラスです。フォーム全体の設定をしたり、アイテムを追加したりなどの操作をします。

(3) ○○ Item クラス

質問（記述式、ラジオボタン、チェックボックス、プルダウンメニューなど）や、ページの開始・セクションヘッダーなどのアイテムがあります。Forms サービスで利用できるアイテムには次のようなものがあります。

• Formsサービスで利用可能な主なアイテム

クラス	説明
TextItem	記述方式の質問を操作する機能を提供する
CheckboxItem	チェックボックスの質問を操作する機能を提供する
MultipleChoiceItem	ラジオボタンの質問を提供する機能を提供する
ListItem	プルダウンの質問を操作する機能を提供する
DateItem	日付入力を操作する機能を提供する

◎フォーム作成の流れ

GAS でフォームを作成する流れは次のとおりです。

(1) フォームの作成

フォームは以下の方法で FormApp クラスの create メソッドで生成されます。

• フォームの生成

```
FormApp.create(フォームの名前);
```

戻り値として Form オブジェクトが得られます。これにより Google ドライブにも指定した名前のフォームのファイルが生成されます。

(2) アイテムの追加

アイテムを追加するには、Form オブジェクトの add ○○ Item メソッドを使います。○○の部分にはアイテムの名前が入り、例えば、addCheckboxItem とするとチェックボックス（CheckboxItem クラスのインスタンス）を追加できます。

- **アイテムの追加**

```
Formオブジェクト.add○○Item();
```

戻り値として、アイテムのオブジェクトが得られます。例えば addCheckboxItem の戻り値は CheckboxItem クラスのオブジェクトです。

(3) アイテムの設定

取得したアイテムにタイトルを設定することができます。

- **タイトルの設定**

```
アイテムオブジェクト.setTitle(タイトル);
```

アイテムの種類によっては選択肢を設定します。選択肢は配列で与えます。

- **選択肢の設定**

```
アイテムオブジェクト.setChoiceValues([選択肢1, 選択肢2, ...]);
```

なお、これらのメソッドは戻り値が自分自身のオブジェクトであるため、**これら一連の操作はメソッドチェーンで記述することができます。**

新しいフォームの作成

では、実際に新しいフォームを作って使用してみましょう。

sample7-3.gs (func7_3_1関数)

```
01 function func7_3_1() {
02   // Googleフォームを新規作成
03   let form = FormApp.create('社員旅行アンケート');
04   // アンケートの詳細の説明
05   form.setDescription('今度の社員旅行の内容や日時に関する希望のアンケートです。');
06   // TextItem: 名前
07   form.addTextItem()
08     .setTitle('名前を入力してください');
09   // CheckboxItem: 希望するアクティビティ
10   form.addCheckboxItem()
11     .setTitle('希望するアクティビティを選択してください（複数選択可）')
12     .setChoiceValues(['温泉', '登山', '観光地巡り', 'ショッピング', 'その他']);
13   // MultipleChoiceItem: 宿泊希望の有無
14   form.addMultipleChoiceItem()
15     .setTitle('宿泊希望はありますか？')
16     .setChoiceValues(['はい', 'いいえ']);
17   // ListItem: 出発地の選択
18   form.addListItem()
19     .setTitle('出発地を選択してください')
20     .setChoiceValues(['東京', '大阪', '名古屋', '福岡']);
21   // DateItem: 希望日程
22   form.addDateItem()
23     .setTitle('希望の日程を選択してください');
24   // フォームへのリンクをログに表示
25   console.log('フォームが作成されました: ' + form.getEditUrl());
26 }
```

- **実行結果**

```
フォームが作成されました: https://docs.google.com/forms/d/[フォームのID]/edit
```

実行すると「フォームが作成されました :」というキーワードが出て、その後にURLが出現します。スプレッドシートの場合と同様に、作成したフォームにもURLが存在します。形式は次のとおりです。

● フォームのURL

```
https://docs.google.com/forms/d/[フォームのID]/edit
```

スプレッドシートの場合と同様に、フォームも固有の ID を持ちます。

なお、この URL はフォームの**編集 URL** といい、フォームの編集画面を開くためのものです。この URL はフォームの getEditUrl メソッドで取得したものです。**そのため Web ブラウザにこの URL を直接入力することにより直接このページを開くことも可能です**。

重要

・フォームには固有の URL と ID が存在する
・フォームの編集 URL をブラウザに入力すると編集画面が開く

◎完成したフォームを確認する

完成したフォームは Google ドライブ内にファイルとして存在し、そこから直接開くことも可能です。

新しいフォームのファイル「社員旅行アンケート」が Google ドライブ内にできるので確認してみてください。

● 作成されたフォームのファイル

すると、このフォームの編集ページを開くことができます。このファイルをダブルクリックすると、次のように完成したフォームを確認することができます。

● 完成したフォーム

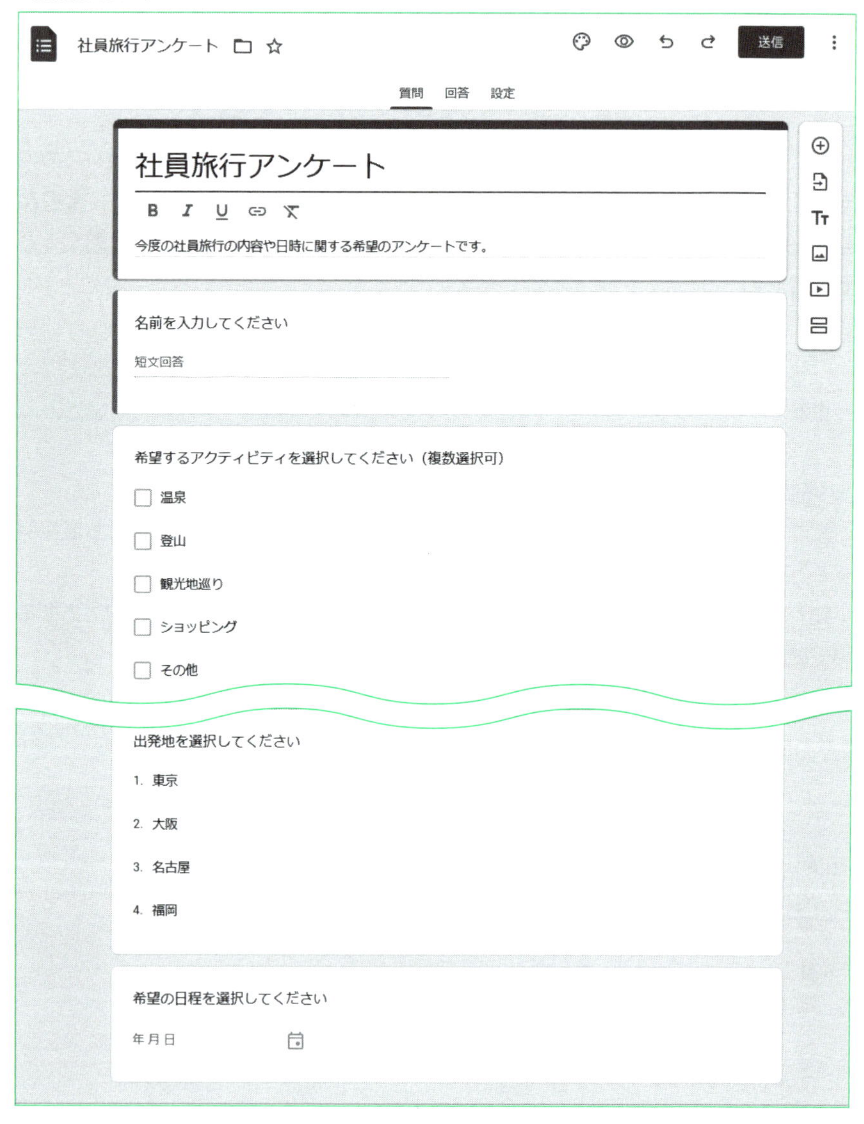

なお、この編集ページのURLが先にフォームのgetEditUrlメソッドで取得したURLです。

◉ フォームのトップ部分

では、このフォームの中身を見ていきましょう。FormApp.create メソッドでフォームを作成します。

● フォームの生成と説明の追加（func7_3_1関数／2～5行目）

```
  // Googleフォームを新規作成
  let form = FormApp.create('社員旅行アンケート');
  // アンケートの詳細の説明
  form.setDescription('今度の社員旅行の内容や日時に関する希望のアンケート
です。');
```

● フォームのトップ部分

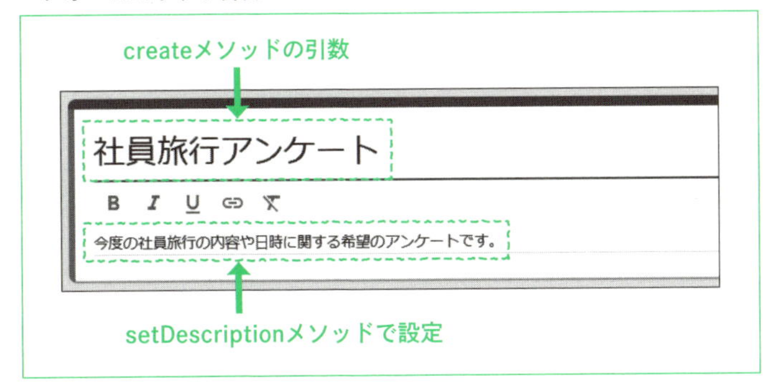

冒頭のフォームのタイトルは、create メソッドの引数がフォームのタイトルになります。戻り値で Form オブジェクトが得られるので変数 form に代入し、setDescription メソッドでフォームに説明文を追加します。

◉ アイテムの追加

続いて生成したフォームにアイテムを追加しています。アイテムのタイトルは setTitle メソッド、そして選択肢は setChoiceValues メソッドで追加できます。

● フォームへのアイテムの追加（CheckboxItem／10～12行目）

```
form.addCheckboxItem()
  .setTitle('希望するアクティビティを選択してください（複数選択可）')
  .setChoiceValues(['温泉', '登山', '観光地巡り',' ショッピング', 'その他
']);
```

TextItem や DateItem のように、setChoiceValues メソッドによる選択肢の追加が必要のないものもあります。

・フォームのアイテム部分（CheckboxItem）

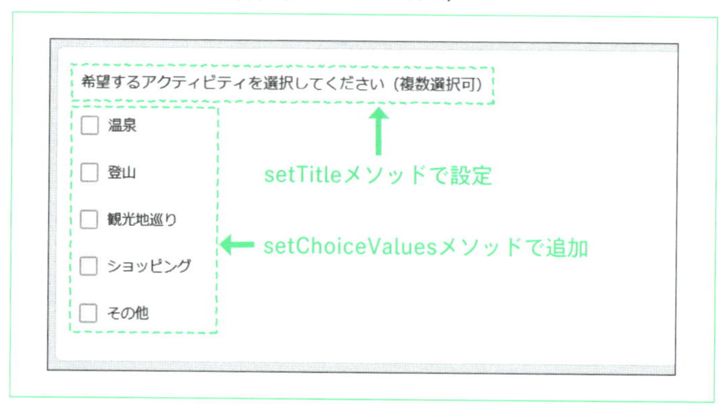

フォームの情報の取得

次に作成したフォームからさまざまな情報を取得する方法を説明します。

次の func7_3_2 関数は、フォームの ID や各種情報を取得するものです。func7_3_1 関数で作成したフォームの URL の中から ID を取得し、変数 id に代入する値を書き換えてください。

sample7-3.gs（func7_3_2関数）

```
28 function func7_3_2() {
29   // idでフォームを取得
30   let id = 'フォームのID';  ← フォームのIDに書き換える
31   // フォームをIDで取得
32   let form = FormApp.openById(id);
33   // フォームのタイトルを取得
34   console.log('ID：' + form.getId());
35   console.log('編集URL:' + form.getEditUrl());
36   console.log('公開URL:' + form.getPublishedUrl());
37   console.log('サマリーURL:' + form.getSummaryUrl());
38 }
```

- 実行結果例

```
ID：フォームのID
編集URL:https://docs.google.com/forms/d/[フォームのID]/edit
公開URL:https://docs.google.com/forms/d/e/[公開用フォームのID]/viewform
サマリーURL:https://docs.google.com/forms/d/[フォームのID]/viewanalytics
```

実行すると、フォームの ID、編集 URL、公開 URL、サマリー URL が得られます。

◉ フォームの取得方法

フォーム（Form オブジェクト）の取得方法には FormApp の次のメソッドを使用することができます。

- フォームを取得するFormAppクラスのメソッド

メソッド	概要
openById(id)	idで指定したフォームを取得する
openByUrl(url)	urlで指定したフォームを取得する
getActiveForm()	アクティブなフォームを取得する

func7_3_2 関数では、openById 関数を使って取得しています。また、getActiveForm メソッドが利用できるのは、**フォームのコンテナバインドスクリプトを編集している場合です**。

なお、Form オブジェクトから、getId メソッドを呼び出すとフォームの id を確認できます。

- フォームのidの取得

```
Formオブジェクト.getId()
```

◉ 3種類のURLの取得

スプレッドシートの URL は 1 つだけですが、フォームは 3 つの URL を持ちます。

(1) 編集ページの URL

フォームの編集を行うページの URL です。getEditUrl メソッドで取得できます。URL の中に ID が割り振られています。

（2）公開URL

公開用のページのURLです。入力を行うのはこのページです。**getPublishedUrlメソッドで取得できます。URLの中にIDが割り振られていますが、このIDは編集ページ、サマリーページで使用するIDとは異なるものです**。

（3）サマリーページのURL

サマリーページはフォームの集計結果のページです。公開用ページで入力された結果を集計します。getSummaryUrlメソッドで取得可能です。URLの中に編集ページのURLの中にあるのと同じIDが割り振られています。

2 アプリケーション開発②

- アプリケーションの開発の第 2 弾
- スプレッドシートを中心に複数のサービスを連携
- スケジュール表を作成する

2-1 スケジュール表の開発

- カレンダーから予定をとりこみスケジュール表を作成する
- 作成したスケジュール表を PDF 化する
- 作成したスケジュール表をメールに添付する

スケジュール表の開発

アプリケーションの開発の事例の第 2 弾として、カレンダーと連携したスプレッドシートのスケジュール表を作成してみましょう。

スケジュール表は、指定した区間のスケジュールをカレンダーから取得し、それをスプレッドシートの表にまとめます。そして、必要であればメールに添付し送付することができます。

◉スクリプトの準備

この節では、新しいスプレッドシートを作成しましょう。新しいスプレッドシートの名前を「SCHEDULE」とし、プロジェクト名も「SCHEDULE」としてください。そのうえで、スクリプトの名前を「schedule.gs」にしてください。

スクリプトはのちほど説明しますので、どのような機能を持つアプリケーションなのかを見ていきましょう。

◉スケジュール表の実行

「schedule.gs」が完成した状態で、スプレッドシート「SCHEDULE」を表示すると、次のような状態になります。

● 初期状態

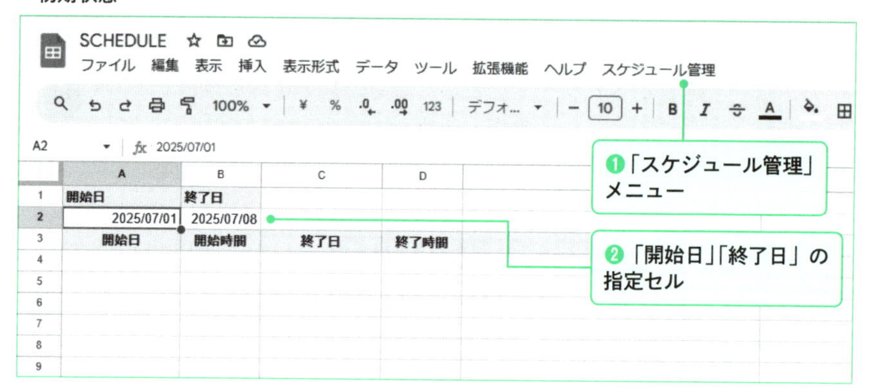

onOpen関数によって、カスタムメニューの「スケジュール管理」（①）が追加されます。また、setupDateInput_関数によって、シートにスケジュール表（②）が設定されます。

◉カスタムメニューのアイテム

カスタムメニューの「スケジュール管理」には、3つのアイテムが設定されます。

● メニューの内容

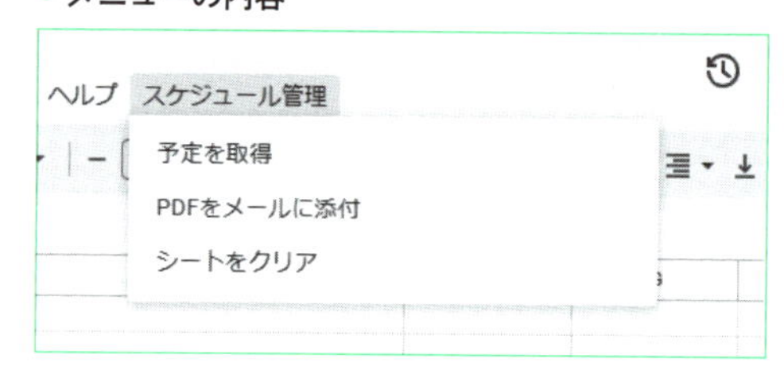

3つのアイテムは、次の処理を行います。

・「スケジュール管理」のアイテム

項目名	内容
予定を取得	指定した開始日・終了日の間の予定を取得する
PDFをメールに添付	作成した予定表をメールに添付する
シートをクリア	シートをクリアする

◎開始日・終了日の入力

セルA2とセルB2に入力した値で、取得するスケジュールの期間を指定します。セルA2は開始日、セルB2は終了日です。初期状態では開始日がスプレッドシートを開いた日（スクリプトを実行した日）、終了日はその1週間後になっています。セルA2とセルB2をダブルクリックすると、カレンダーが表示されるので、カレンダーから日付を選択します。

・日付の入力

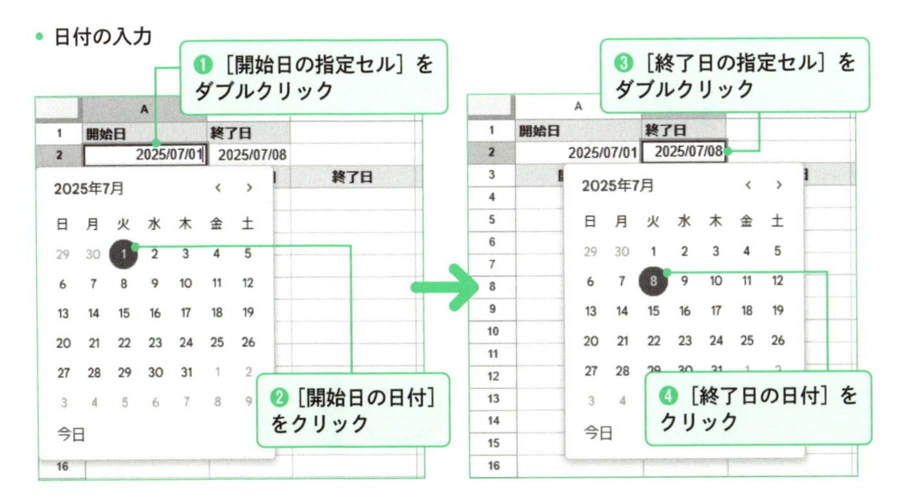

◎スケジュールの取得

スケジュールを取得する範囲の開始日と終了日を設定したあと、カスタムメニューから［予定を取得］をクリックすると、カレンダーから対象期間のスケジュールを取得して表に設定します。

表には取得したスケジュールの開始日と開始時間、終了日と終了時間、予定が記載されます。なお、終日の予定には開始時間・終了時間がありません。

- 取得したスケジュール表

SCHEDULE
ファイル 編集 表示 挿入 表示形式 データ ツール 拡張機能 ヘルプ スケジュール管理

B2 fx 2025/07/30

	A	B	C	D	E
1	開始日	終了日			
2	2025/07/01	2025/07/30			
3	開始日	開始時間	終了日	終了時間	予定
4	2025-07-02		2025-07-05		名古屋出張
5	2025-07-05	8:00	2025-07-05	13:00	ゴルフコンペ
6	2025-07-09	19:00	2025-07-09	20:00	親睦会
7	2025-07-10		2025-07-12		全体集会
8	2025-07-14		2025-07-18		大阪出張
9	2025-07-17	10:00	2025-07-17	11:00	全体会議
10	2025-07-18	13:00	2025-07-18	15:00	顧客訪問
11	2025-07-21	14:00	2025-07-21	15:00	全体会議
12	2025-07-22	13:00	2025-07-22	14:00	A社訪問
13	2025-07-23	15:30	2025-07-23	16:30	営業部会
14	2025-07-24		2025-07-27		福岡出張
15					

◎ メールへの添付

カスタムメニューから［PDFをメールに添付］をクリックすると、表の内容をPDFにして、メールに添付されます。

- メールの添付の完了

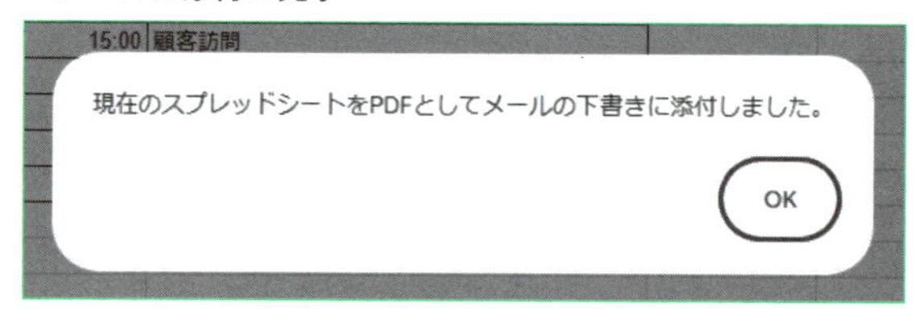

メールは下書きとして保存されています。メールアドレスを入力して送信すると、PDFファイルを添付してメールを送信することができます。

なおPDFのファイル名は、「SCHEDULE_」のあとに、次の形式で開始日の年月日と終了日の年月日が付いた名前になります。

- PDFのファイル名

SCHEDULE_○○○○年××月△△日_●●●●年■■月▲▲日.pdf

メールのタイトルは「〇〇〇〇年××月△△日 _ ～年■■月▲▲日までの予定」の形式で、開始日と終了日が記載されます。また、本文も同じように「〇〇〇〇年××月△△日 _ ～年■■月▲▲日までの予定です。」と記述されます。

● PDFファイルが添付されたメールの下書き

添付ファイルの PDF は次のような内容です。

● 添付のPDFファイル

開始日	終了日			
2025/07/01	2025/07/30			
開始日	**開始時間**	**終了日**	**終了時間**	**予定**
2025-07-02		2025-07-05		名古屋出張
2025-07-05	8:00	2025-07-05	13:00	ゴルフコンペ
2025-07-09	19:00	2025-07-09	20:00	親睦会
2025-07-10		2025-07-12		全体集会
2025-07-14		2025-07-18		大阪出張
2025-07-17	10:00	2025-07-17	11:00	全体会議
2025-07-18	13:00	2025-07-18	15:00	顧客訪問
2025-07-21	14:00	2025-07-21	15:00	全体会議
2025-07-22	13:00	2025-07-22	14:00	A社訪問
2025-07-23	15:30	2025-07-23	16:30	営業部会
2025-07-24		2025-07-27		福岡出張

schedule.gs の関数

ここからは実際にスクリプトを記述していきましょう。スケジュール表は次の 5 つの関数によって、それぞれの機能を実現します。

● 関数一覧

関数名	概要
onOpen	アプリ起動時のメニュー等の設定
setupDateInput_	シートのセットアップ
getCalendarEvents_	カレンダーからイベントを取得する
sendPdfByEmail_	PDFファイルを作成しメールに添付する
initSheet_	シートの初期化

◎ onOpen関数

onOpen 関数は、アプリが起動すると自動的に呼び出されます。そのため、カスタムメニューを設定したり、スケジュール表を設定したりと、初期化処理を行います。

schedule.gs（onOpen 関数）

```
01 function onOpen() {
02   let ui = SpreadsheetApp.getUi();
03   let sheet = SpreadsheetApp.getActiveSheet();
04 
05   // 初期設定: 日付入力用セルを設定
06   setupDateInput_(sheet);
07 
08   ui.createMenu('スケジュール管理')
09     .addItem('予定を取得', 'getCalendarEvents_')
10     .addItem('PDFをメールに添付', 'sendPdfByEmail_')
11     .addItem('シートをクリア','initSheet_')
12     .addToUi();
13 }
```

最初にアクティブなシートを取得し、setupDateInput_ 関数に引数として Sheet オブジェクトを渡して、スケジュール表の設定を行います。また、UI オブジェクトを使って、カスタムメニュー「スケジュール管理」の設定も行います。

◎ setupDateInput_関数

引数としてシート（Sheet オブジェクト）を受け取り、そのシートに対してスケジュール表の初期化を行います。

schedule.gs（setupDateInput_関数）

```
15 function setupDateInput_(sheet) {
16   // シートをクリア
17   sheet.clear();
18   // A.日付入力用のヘッダー
19   sheet.getRange('A1').setValue('開始日').setFontWeight('bold').
   setBackground('#f2f2f2');
20   sheet.getRange('B1').setValue('終了日').setFontWeight('bold').
   setBackground('#f2f2f2');
21 
22   // B.データのバリデーション（カレンダー選択可能にする）
23   let rule = SpreadsheetApp.newDataValidation()
24     .requireDate()
25     .setAllowInvalid(false)
26     .build();
27   sheet.getRange('A2:B2').setDataValidation(rule);
28 
29   // 初期値として現在の日付と1週間後を設定
30   let today = new Date();
31   let oneWeekLater = new Date(today);
32   oneWeekLater.setDate(today.getDate() + 7);
33   sheet.getRange('A2').setValue(today);
34   sheet.getRange('B2').setValue(oneWeekLater);
35 
36   // C.ヘッダー行を設定（結果出力用）
37   sheet.getRange('A3:E3')
38     .setValues([['開始日', '開始時間', '終了日', '終了時間', '予定']])
39     .setFontWeight('bold')
40     .setBackground('#f2f2f2')
41     .setHorizontalAlignment('center');
42 
43   // 列幅を広げる
44   sheet.setColumnWidth(1, 120); // 開始日
45   sheet.setColumnWidth(2, 80);  // 開始時間
46   sheet.setColumnWidth(3, 120); // 終了日
47   sheet.setColumnWidth(4, 80);  // 終了時間
48   sheet.setColumnWidth(5, 300); // 予定
49 }
```

処理の内容は大きく 4 つに分かれます。

A. 日付入力用のヘッダー

まず、セル A1 とセル B1 に対して、値の設定や、書式の設定を行います。

B. データのバリデーション

開始日と終了日を設定するセル A2 とセル B2 に対して、入力制限(バリデーション)を行います。

SpreadsheetApp.newDataValidation メソッドで得られるオブジェクトを使って、Range オブジェクトに入力規則を設定できます。これにより、**ユーザーがセルに入力できる値を制限できます**。

newDataValidation メソッドの戻り値は、DataValidationBuilder オブジェクトです。DataValidationBuilder オブジェクトから、入力規則を設定するメソッドを呼び出して、最後に build メソッドで設定を確定させます。

入力規則を設定した DataValidationBuilder オブジェクトを、Range オブジェクトの setDataValidation メソッドの引数として渡すと、指定した範囲に入力規則を設けられます。

● DataValidationBuilderクラスの主なメソッド

メソッド	説明
requireNumberBetween(min, max)	指定範囲内の数値を許可
requireNumberGreaterThan(min)	指定値より大きい数値を許可
requireNumberLessThan(max)	指定値より小さい数値を許可
requireValueInList(list, showDropdown)	特定の値リストから選択を許可。showDropdownでプルダウンを表示
requireDate()	日付入力のみ許可
requireDateBetween(start, end)	指定範囲内の日付を許可
requireCheckbox(checkedValue, uncheckedValue)	チェックボックスを設定。カスタム値を指定可能
setAllowInvalid(allowInvalid)	無効な値を許可するかどうかを指定(デフォルトはtrue)
build()	バリデーションルールを構築して返す

- データバリデーションの設定（setupDateInput_関数／23～27行目）

```
let rule = SpreadsheetApp.newDataValidation()
  .requireDate()
  .setAllowInvalid(false)
  .build();
sheet.getRange('A2:B2').setDataValidation(rule);
```

ここでは、最初に日付入力のみ許可し、無効な値を許可しないように設定してビルド（build メソッドの実行）をしています。そのルールを日付を入力するセルである「A2:B2」に対して適用しています。

C. ヘッダー行を設定（結果出力用）

最後に、取得したスケジュールを設定する表のヘッダーに、書式や装飾を設定します。

◎ getCalendarEvents_関数

getCalendarEvents_ 関数は、カスタムメニューから「予定を取得」を選択すると呼び出されます。

この関数が実行されます。

schedule.gs（getCalendarEvents_関数）

```
51 function getCalendarEvents_() {
52   let sheet = SpreadsheetApp.getActiveSheet();
53 
54   // A.開始日と終了日を取得
55   let startDate = new Date(sheet.getRange('A2').getValue());
56   let endDate = new Date(sheet.getRange('B2').getValue());
57 
58   if (isNaN(startDate) || isNaN(endDate)) {
59     SpreadsheetApp.getUi().alert('開始日または終了日が無効です。A2セルに開始日、B2セルに終了日を入力してください。');
60     return;
61   }
62 
63   // B.予定を取得
64   let events = CalendarApp.getDefaultCalendar().getEvents(startDate, endDate);
65 
66   // 結果出力用の範囲をクリア
67   sheet.getRange('A4:E').clear();
```

```
68
69    if (events.length === 0) {
70      SpreadsheetApp.getUi().alert('指定された期間に予定はありません。');
71      return;
72    }
73
74    // C.取得した予定を配列に代入
75    let eventData = [];
76    for (let i = 0; i < events.length; i++) {
77      let event = events[i];
78      let isAllDay = event.isAllDayEvent();
79
80      // 開始時間と終了時間の変数を用意
81      let startTime = '';
82      let endTime = '';
83      // 全日程の予定でなければ開始時間・終了時間を取得する
84      if (!isAllDay) {
85        startTime = Utilities.formatDate(event.getStartTime(),'JST',
'HH:mm');
86        endTime = Utilities.formatDate(event.getEndTime(),'JST',
'HH:mm');
87      }
88      // 行データを作成する
89      let row = [
90        Utilities.formatDate(event.getStartTime(),'JST', 'yyyy-MM-dd'),
91        startTime,
92        Utilities.formatDate(event.getEndTime(),'JST', 'yyyy-MM-dd'),
93        endTime,
94        event.getTitle()
95      ];
96      // 行データを配列に追加する
97      eventData.push(row);
98    }
99
100   // D.完成した配列を表に出力する
101   sheet.getRange(4, 1, eventData.length, eventData[0].length).
setValues(eventData);
102
103   // 罫線を設定
104   let range = sheet.getRange(3, 1, eventData.length + 1, 5);
105   range.setBorder(true, true, true, true, true, true);
106 }
```

この関数の処理は大きく４つに分かれます。

A. 開始日と終了日を取得

A2 セルから開始日・B2 セルから終了日を取得します。

B. 予定を取得

デフォルトカレンダーから取得した開始日・終了日の予定を CalendarEvent オブジェクトの配列として取得します。

データが取得できなければ、入力が無効である旨のアラートダイアログが出て処理が終了します。

C. 取得した予定を配列に代入

取得した CalendarEvent オブジェクトの配列を 2 次元の配列に変換していきます。isAllDayEvent メソッドで終日の予定かどうかを判別し、終日の予定でない場合は開始時間・終了時間も行に設定します。作成した行の情報（スケジュール）は、配列 eventData に追加していきます。

D. 完成した配列を表に出力する

完成した配列 eventData をスプレッドシートに設定し、値を設定した範囲に罫線を付けます。

◎ sendPdfByEmail_関数

カスタムメニューから［PDF をメールに添付］をクリックすると、sendPdfByEmail_関数が呼び出されます。

schedule.gs（sendPdfByEmail_関数）

```
108 function sendPdfByEmail_() {
109   let spreadsheet = SpreadsheetApp.getActiveSpreadsheet();
110   let sheet = spreadsheet.getActiveSheet();
111 
112   // A.開始日と終了日を取得
113   let startDate = new Date(sheet.getRange('A2').getValue());
114   let endDate = new Date(sheet.getRange('B2').getValue());
115   let startDateString = Utilities.formatDate(startDate,'JST', 'yyyy年
    MM月dd日');
116   let endDateString = Utilities.formatDate(endDate,'JST', 'yyyy年MM月
    dd日');
117 
```

```
118   // B.データをPDF化する
119   let pdfBlob = DriveApp.getFileById(spreadsheet.getId())
120     .getBlob()
121     .getAs('application/pdf');
122 
123   // PDF の名前を設定
124   let pdfName = spreadsheet.getName()+'_'+startDateString+'_'+endDateS
tring+'.pdf';
125 
126   // 添付するPDFのデータ
127   let pdfAttachment = pdfBlob.setName(pdfName);
128 
129   // C.メールの下書きの作成
130   GmailApp.createDraft(
131     '', // メールの宛先
132     startDateString+'～'+endDateString+'までの予定', // メールのタイ
トル
133     startDateString+'～'+endDateString+'までの予定です。', // メール
の本文
134     {
135       attachments: [pdfAttachment] // 添付ファイル
136     }
137   );
138 
139   SpreadsheetApp.getUi().alert('現在のスプレッドシートをPDFとしてメー
ルの下書きに添付しました。');
140 }
```

この関数の処理は大きく 3 つに分かれます。

A. 開始日と終了日を取得

スプレッドシートから開始日と終了日を取得します。

A2 セルに開始日、B2 セルに終了日が記載されているので、その値を取得し、Utilities.formatDate で書式を変換して保存します。

変換した日付はメールのタイトルや PDF ファイルのファイル名の一部として使用されます。

B. データを PDF 化する

DriveApp.getFileById メソッドを使って、シートを PDF として出力します。

- スプレッドシートのPDF化（sendPdfByEmail_関数／119〜121行目）

```
let pdfBlob = DriveApp.getFileById(spreadsheet.getId())
  .getBlob()
  .getAs('application/pdf');
```

DriveApp クラスは、Google ドライブのファイルやフォルダを操作するためのクラスです。また getFileById メソッドは、ID を指定してファイルを取得します。ここではアクティブなシートの ID を指定して取得しています。

DriveApp.getFileById メソッドの戻り値は、File オブジェクトです。File オブジェクトから、getBlob メソッドを呼び出して、データを Blob 化します。Blob（Binary Large Object）とは、バイナリデータを表す Google Apps Script のオブジェクトです。**テキストや画像、PDF など、さまざまな形式のデータを操作するために使用されます。**

そして、得られた Blob オブジェクトを getAs メソッドで PDF データに変換し、変数 pdfBlob に代入します。

C. メールの下書きの作成

最後にメールの下書きを作成します。作成した PDF ファイルは以下の方法で添付ファイルに変換します。

- PDFの添付ファイルの作成（sendPdfByEmail_関数／127行目）

```
let pdfAttachment = pdfBlob.setName(pdfName);
```

setName メソッドは作成した PDF ファイルの Blob オブジェクトに対し、ファイル名を設定するもので、戻り値としてえられた pdfAttachment を、Gmail の Draft オブジェクトのオプションで「attachments」プロパティの値として設定すれば、添付メールを得られます。

なお、attachments に与える値は配列であることが前提なので、仮に値が 1 つだけであっても以下のように [ ] で囲む必要があります。

- Gmail.createDraftメソッドの添付メールのオプション（sendPdfByEmail_関数／134〜136行目）

```
{
  attachments: [pdfAttachment]  // 添付ファイル
}
```

◉ initSheet_関数

カスタムメニューから［シートをクリア］をクリックすると、initSheet_関数が呼び出されます。

schedule.gs（initSheet_関数）

```
142 function initSheet_() {
143   let sheet = SpreadsheetApp.getActiveSheet();
144   sheet.clear();
145   setupDateInput_(sheet);
146 }
```

アクティブなシートを取得しクリアし、その後取得したシートを引数として渡してsetupDateInput_関数を実行します。これによりシートが初期状態になります。

3 生成AIの活用

- GAS の開発に生成 AI を活用する
- 生成 AI の長所と短所を理解する

3-1 生成 AI を GAS の開発に活用する

- 生成 AI とは何かを理解する
- Google の生成 AI Gemini の使い方を理解する
- Gemini で GAS の開発を効率化させる

生成 AI を活用する

この節では番外編として、GAS のプログラミングに生成 AI を活用する方法を学んでいきましょう。

◉ 生成AIとは

そもそも AI（人工知能）とは、人間の知能を模倣して振る舞うプログラムやシステムのことです。生成 AI は人工知能の一種で、学習した結果をもとに新しいコンテンツを生成します。大きく 2 つの特徴があります。

(1) コンテンツ生成

テキスト、画像、音楽、プログラムのコード生成など、さまざまな形式のコンテンツを生成できます。例えば、文章の自動生成や画像の生成ができます。ここには GAS のソースの自動生成も含まれます。

（2）学習能力

大量のデータを学習・理解し新しいデータを生成します。これはコンテンツ生成に活かされます。

◉ 生成AIサービス

代表的な生成 AI サービスは、次のとおりです。

● 生成AIサービス

サービス名	概要
ChatGPT	OpenAI社が提供する生成AIの草分け的サービス
Copilot	Microsoft社が提供するWebブラウザのEdgeなどで利用できるサービス
Gemini	Googleが開発したサービスで、Googleアカウントがあれば利用できる

このほかにもさまざまなサービスがありますが、共通しているのは「プロンプト」と呼ばれる部分に文字列で指示を入力し実行する仕組みになっているという点です。

文章で指示を与えることで、生成 AI が質問に答えたり、画像を生成したり、プログラムのソースコードを生成したりということをしてくれます。

料金体系はサービスによって異なります。無料で利用できるものもあれば、有料でしか利用できないものもあります。

Gemini を使ってみる

ここでは Google アカウントがあれば利用できる Gemini の無料版を使ってみることにしましょう。

◉ Geminiの起動

Gemini は Web ブラウザの Chrome で利用できます。Chrome の［Google アプリ］－［Gemini］をクリックすると、Gemini が起動します。

● Geminiの起動

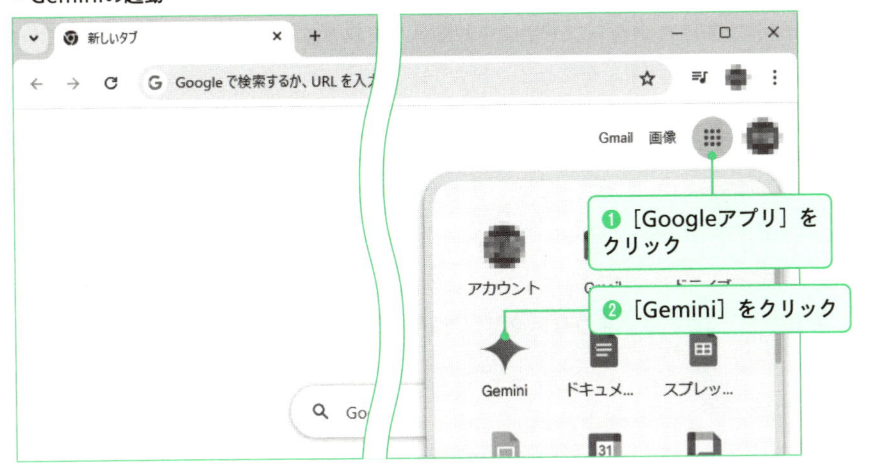

画面下部のプロンプトに質問を入力して Enter キーを押すと、Gemini から回答を得られます。

● Geminiの起動

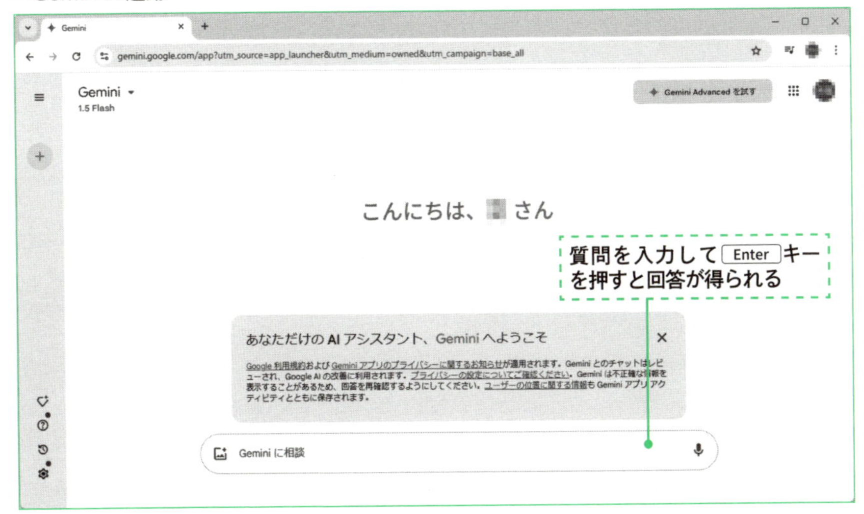

◉活用事例①:プログラムのコードを生成する

Gemini に GAS のスクリプト生成をお願いしてみましょう。次の指示をプロンプトに入力して、Enter キーを押してください。

● 質問内容

スプレッドシートに入力した身長・体重をもとにBMI値を計算し、肥満かどうかを判定するGASの関数を作ってください。

著者の PC では、次のようなスクリプトが生成されました。

● Geminiの回答

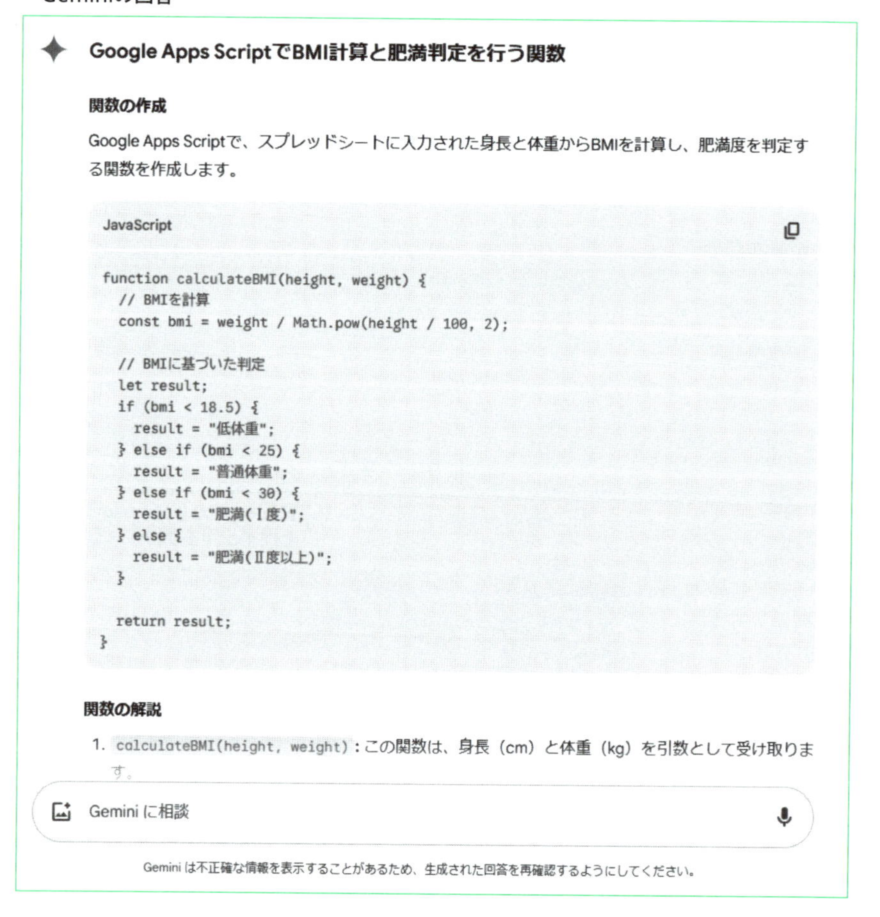

このように、Gemini を使うと簡単にスクリプトが生成できます。ただ、同じ質問をしても毎回同じ結果が得られるとは限りません。皆さんの PC では、上記とは異なるスクリプトが生成されているのではないでしょうか。

また、得られたスクリプトが必ずしも正しいスクリプトとは限りません。**生成されたスクリプトには、間違いが含まれている可能性があります**。生成 AI で生成したスクリプトは、必ず内容をチェックしましょう。

生成 AI で自動生成されるスクリプトは必ずしも正しいとは限りません。

1 回の質問で求める結果が得られない場合は、修正指示を送ると改良したものを生成します。指摘を重ねることで、求めている結果に近づけていくことも可能です。

◎ 活用事例②:GASの仕様について質問する

GAS の仕様についても答えてくれます。次の内容を入力してみてください。

- **質問内容**

```
GASのSpreadSheetAppクラスについて教えてください。
```

すると、次のような回答が得られます。

- Geminiの回答

Google Apps ScriptのSpreadsheetAppクラスについて

SpreadsheetAppクラスとは?

Google Apps Script (GAS) の SpreadsheetApp クラスは、スプレッドシートを操作するための最も基本的なクラスです。このクラスを使うことで、スプレッドシートの作成、取得、編集など、スプレッドシートに関する様々な操作をプログラム的に行うことができます。

主な機能

- **スプレッドシートの開閉:** 指定されたIDやURLでスプレッドシートを開いたり、新しいスプレッドシートを作成したりできます。
- **シートの操作:** アクティブなシートを取得したり、新しいシートを作成したりできます。
- **範囲の操作:** セルの範囲を取得し、その範囲内のデータを読み書きしたり、範囲の書式設定を変更したりできます。

このようにGASに関するわからない点があれば、回答してくれます。

ほかにもスクリプトの誤りを質問してデバッグに活用したり、アプリに関するアイディア出しに協力してもらったりと、さまざまな活用方法があります。

◉ Geminiを使用する際の注意点

生成AIを利用するうえで、留意しておくべきことは大きく次の3点です。

- **回答された内容が必ずしも正しいとは限らない**
- **生成されたスクリプトは想定した挙動ではない可能性があるので、必ずチェックする**
- **質問は具体的な内容が望ましい（抽象的な質問をしない）**
- **漏洩すると困る内容は絶対にプロンプトに書かない**

上手に活用できれば、プログラミングのスキルの上達に役立ったり、自分の力だけではできそうにない難しいアプリをGASで作ったりできます。

一朝一夕ではできませんが、生成AIを上手に活用してプログラミングのスキルを磨いてください！

練習問題の解答

1 1日目　はじめの一歩

1日目の問題の解答です。

1-1

- 【答え】順次処理　分岐処理　繰り返し処理
- 【解説】

アルゴリズムはこの3大処理の組み合わせで構成することができます。

1-2

- 【答え】c
- 【解説】

変数には数値や文字列などのさまざまな値を代入できます。また、値も自由に変えることができます。

1-3

- 【答え】c
- 【解説】

クラスはオブジェクトを生成する「型」や「設計図」の役割を果たします。クラスから生成されたオブジェクトのことをインスタンスと呼びます。

2 2日目　演算と変数・スプレッドシートの操作

2日目の問題の解答です。

2-1

exercise2.gs（problem1関数）

```
01 function problem1() {
02   // （1）5 × 2
03   console.log(5 * 2);
04   // （2）12 ÷ 4
05   console.log(12 / 4);
06   // （3）(1 + 5) × 0.5
07   console.log((1 + 5) * 0.5);
08 }
```

- 実行結果

```
10
3
3
```

- 【解説】

console.log() の ( ) に式を入れることで、計算結果が得られます。なお、乗算には *、除算には / を用います。( ) を付けることにより、演算の優先順位を変えることができます。

2-2

exercise2.gs（problem2関数）

```
10 function problem2() {
11   let s1 = 'Hello';
12   let s2 = 'GAS';
13   console.log(s1 + s2);
14 }
```

- 実行結果

```
HelloGAS
```

- 【解説】

変数の宣言値と同時に値を代入する場合、「let 変数名 = 初期値 ;」と記述します。この場合は文字列を代入するので、文字列を「'」（シングルクォーテーション）で囲います。文字列と文字列は「+」演算子で結び付けることができます。

exercise2.gs (problem3関数)

```
16 function problem3() {
17   // アクティブなシートを取得する
18   let sheet = SpreadsheetApp.getActiveSpreadsheet().getActiveSheet();
19   // A1.A2に文字列を設定する
20   sheet.getRange('A1').setValue('Hello');
21   sheet.getRange('A2').setValue('SpreadSheet');
22   // A1.A2のセルの値を取得する
23   let value1 = sheet.getRange('A1').getValue();
24   let value2 = sheet.getRange('A2').getValue();
25   // A3にA1とA2の結合
26   sheet.getRange('A3').setValue(value1 + value2);
27 }
```

- **実行結果**

L30 fx

	A	B	C	D
1	Hello			
2	SpreadSheet			
3	HelloSpreadSheet			
4				

- **【解説】**

値を設定したいセルを持つRangeオブジェクトを取得し、RangeオブジェクトからsetValueメソッドを呼び出して、指定したセルに値を設定します。セルから値を取得したい場合は、Rangeオブジェクトから getValue メソッドを呼び出します。

3 3日目 条件分岐と繰り返し

3日目の問題の解答です。

3-1

exercise3.gs (problem1関数)

```
01 function problem1() {
02   let sheet = SpreadsheetApp.getActiveSheet();
03   let value = sheet.getRange('A1').getValue();
04   let ans;
05   if (value % 2 == 0) {
06     ans = '偶数';
07   } else {
08     ans = '奇数';
09   }
10   sheet.getRange('B1').setValue(ans);
11 }
```

- 【解説】

アクティブなシートを取得し、セルA1を表すRangeオブジェクトを取得します。そのRangeオブジェクトからgetValueメソッドで、セルA1に設定されている値を取得して、変数valueに代入します。

数値を2で割ったときの余りが0の場合は偶数、1の場合は奇数だと判断できます。変数valueの値が偶数か奇数かを判定し、その結果をセルB1に設定します。

exercise3.gs（problem2関数）

```
13 function problem2() {
14   let sheet = SpreadsheetApp.getActiveSheet();
15   sheet.clear();
16   let i = 1;
17   while (i <= 3) {
18     sheet.getRange(i, 1).setValue('GAS!');
19     i++;
20   }
21 }
```

- 【解説】

繰り返し処理で、変数iの値を1、2、3と変化させます。そして、getRange(i, 1)によって、結果を出力するセルの場所を1行1列目、2行1列目、3行1列目と変化させていき、対象のセルにsetValueメソッドで「GAS!」という文字列を設定します。

3-3

exercise3.gs（problem3関数）

```
function problem3() {
  // (1) アクティブなシートの取得とクリア
  let sheet = SpreadsheetApp.getActiveSheet();
  sheet.clear();
  // (2) 文字列・数値の設定
  sheet.getRange('B3').setValue('科目');
  sheet.getRange('C3').setValue('点数');
  sheet.getRange('B4').setValue('英語');
  sheet.getRange('B5').setValue('国語');
  sheet.getRange('B6').setValue('数学');
  sheet.getRange('B7').setValue('合計');
  sheet.getRange('C4').setValue(80);
  sheet.getRange('C5').setValue(91);
  sheet.getRange('C6').setValue(74);
  // (3) B3:C3を中央寄せに
  sheet.getRange('B3:C3').setHorizontalAlignment('center');
  // (4) B3:C7に罫線
  sheet.getRange('B3:C7').setBorder(true, true, true, true, true, 
true);
  // (5) C7にC4~C6の合計をセット
  let sum = 0;
  for (let row = 4; row <= 7; row++) {
    let number = sheet.getRange(row, 3).getValue();
    sum += number;
  }
  sheet.getRange('C7').setValue(sum);
}
```

- 【解説】

文字列・数値の設定はメソッドチェーンを用いてセルの名前を A1 表記で指定したセルの Range オブジェクトに対して、直接 setValue メソッドを用いて値を設定しています。

それに対し、C4~C6 の合計の計算は、行と列を設定して値を取得し合計値を計算しています。

4日目 配列とオブジェクト

4日目の問題の解答です。

4-1

exercise4.gs (problem1関数)

```
01 function problem1() {
02   // 配列の宣言
03   let numbers = [1, 3, 5, 7, 3, 2, 1, 8, 4];
04   // 合計値
05   let sum = 0;
06   for (let num of numbers) {
07     sum += num;
08   }
09   console.log('合計値:' + sum);
10 }
```

- **【解説】**

配列 numbers の値を for ～ of 文を使って取得し、最初に 0 で初期化した変数 sum に加えていきます。ループが終了すると、sum には配列内の全数値の合計が入っています。なお、for ～ of 文ではなく通常の for 文を用いても構いません。

4-2

exercise4.gs（problem2関数）

```
12 function problem2() {
13   // (1) アクティブなシートの取得とクリア
14   let sheet = SpreadsheetApp.getActiveSheet();
15   sheet.clear();
16   // (2) 文字列・数値の設定
17   let data = [
18     ['科目','点数'],
19     ['英語',80],
20     ['国語',91],
21     ['数学',74],
22     ['合計',0]
23   ];
24   sheet.getRange(3,2,data.length,data[0].length).setValues(data);
25   // (3) B3:C3を中央寄せに
26   sheet.getRange('B3:C3').setHorizontalAlignment('center');
27   // (4) B3:C7に罫線
28   sheet.getRange('B3:C7').setBorder(true,true,true,true,true,true);
29   // (5) C7にC4~C6の合計をセット
30   let sum = 0;
31   for (let row = 4; row <= 7; row++) {
32     let number = sheet.getRange(row,3).getValue();
33     sum += number;
34   }
35   sheet.getRange('C7').setValue(sum);
36 }
```

- **【解説】**

注目してほしいのは、(2) の文字列・数値の設定の部分です。2 次元配列のデータの展開を次の記述で行っています。

- **2次元配列のデータの展開**

```
sheet.getRange(3,2,data.length,data[0].length).setValues(data);
```

表の左上のセルが A1 形式での「B3」なので、3 行 2 列目にあたります。ここに 2 次元配列 data を展開します。また、(5) の C7 に C4 ～ C6 の合計をセットする部分は、セル C4 ～ C6 の値を for 文で取得し合計を計算しています。その方法は問題 4-1 と同じ方法です。

exercise4.gs (problem3関数)

```
38 function problem3() {
39   let countries = {
40     Japan:'日本',
41     USA:'アメリカ',
42     China:'中国',
43     Korea:'韓国'
44   };
45   // (1) プロパティ「Germany」を追加し、値を「ドイツ」とする
46   countries['German'] = 'ドイツ';
47   // (2) プロパティ「Korea」の値を「大韓民国」に変更する
48   countries['Korea'] = '大韓民国';
49   // (3) プロパティ「China」を削除する
50   delete countries['China'];
51   // (4) スプレッドシートのアクティブなシートを取得
52   // 取得したシートをクリアしたうえでオブジェクトを表として出力する
53   // アクティブなシートをクリア
54   let sheet = SpreadsheetApp.getActiveSheet();
55   sheet.clear();
56   // 表の見出しとして、1列目に「英語」、2列目に「日本語」を設定する
57   sheet.appendRow(['英語','日本語']);
58   // 表のデータを展開
59   for (let county in countries) {
60    let row = [county,countries[county]];
61    sheet.appendRow(row);
62   }
63   // (5) 表に罫線を設定し、文字は中央寄せにする
64   // 最終列・最終行を取得
65   let lastRow = sheet.getLastRow();
66   let lastColumn = sheet.getLastColumn();
67   // 表の範囲を指定
68   let range = sheet.getRange(1,1,lastRow,lastColumn);
69   // 範囲内に罫線を設定し、中央寄せに
70   range.setBorder(true,true,true,true,true,true);
71   range.setHorizontalAlignment('center');
72   // 最初の行のみ太字にする
73   sheet.getRange(1,1,1,lastColumn).setFontWeight('bold');
74 }
```

・【解説】

オブジェクトに対するさまざまな操作を行ったあと、for ~ in 文と appendRow で 2 次元配列を表に展開しています。

表の各行は「プロパティ名、プロパティの値」という組み合わせとなっているので、for ~ in 文を使ってプロパティ名を取得し、それをもとに値を取得して行データの 1 次元配列を作成して新しい行を追加しています。

exercise4.gs（problem4関数）

```
75 function problem4() {
76   // 2次元配列
77   let staff = [
78     ['佐藤', 41, '東京'],
79     ['鈴木', 25, '大阪'],
80     ['林', 34, '札幌']
81   ];
82   // アクティブなシートを取得しクリア
83   let sheet = SpreadsheetApp.getActiveSheet();
84   sheet.clear();
85   // 1行ずつデータを取得し表にappendRowメソッドで追加
86   for (let row of staff) {
87     sheet.appendRow(row);
88   }
89 }
```

・【解説】

staff は 2 次元配列です。for ~ of 文を用いると、変数 staff から行のデータに該当する 1 次元配列 row が得られます。それを appenRow メソッドを用いて追加していきます。

するとループの処理によって行ごとにデータがシートに追加されます。

5日目 ユーザー定義関数・メソッド

5日目の問題の解答です。

5-1

exercise5.gs（problem1関数、min_関数）

```
01 function problem1() {
02   let a = 8;
03   let b = 7;
04   console.log(a + 'と' + b + 'のうち最小の数は' + min_(a,b));
05 }
06 
07 // min_関数
08 function min_(a, b) {
09   if (a < b) {
10     // aのほうが小さければaを返す
11     return a;
12   }
13   // そうでなければbを返す
14   return b;
15 }
```

● 【解説】

min_ 関数は 2 つの引数 a、引数 b を与え、引数 a のほうが小さければ引数 a を返し、そうでなければ引数 b を返します。処理内容は max_ 関数とは真逆の処理になっています。

5-2

exercise5.gs（problem2関数、avgNumbers_関数）

```
17 function problem2() {
18   let avg = avgNumbers_(5,10,7,8,9,12);
19   console.log(avg);
20 }
21
22 // 引数の平均を求める
23 function avgNumbers_(...numbers) {
24   let sum = 0; //合計値
25   // 引数として与えられた数値の合計
26   for (let number of numbers) {
27     sum += number;
28   }
29   // 合計を要素数で割り、平均値を求める
30   let avg = sum / numbers.length;
31   return avg;
32 }
```

- **【解説】**

avgNumbers_関数は任意の数の数値を引数にするので、残余引数を引数とするものと考えます。そのため、引数numbersの前に「...」を付けます。

すると関数内では配列として扱えるので、for文で合計をとり、それをnumbers.lengthの長さで割ることにより、平均値を求めることができます。

5-3

exercise5.gs（problem3関数、judgePrimeNumber_関数）

```
34 function problem3() {
35   for (let n = 1; n <= 10; n++) {
36     // 約数であればその数を表示する
37     if (judgePrimeNumber_(n)) {
38       console.log(n);
39     }
40   }
41 }
42 
43 function judgePrimeNumber_(number) {
44   // 約数のカウントをする変数を0で初期化
45   let count = 0;
46   // 約数の数をカウント
47   for (let n = 1; n <= number; n++) {
48     // numberがnで割り切れたらnは約数なのでカウントする
49     if (number % n == 0) {
50       count++;
51     }
52   }
53   // 約数の数が2だと、素数
54   if (count == 2) {
55     return true;
56   }
57   return false;
58 }
```

- 【解説】

素数かどうかの判定は、約数の数で判定します。素数は 1 とその数自体しか約数がないので、約数が 2 つしかありません。

そのため、judgePrimeNumber_ 関数は引数として渡した数値の約数が 2 である場合は true、そうでない場合は false を返します。

5-4

exercise5.gs（problem4関数）

```
60 function problem4() {
61   let calc = {
62     n1:0,
63     n2:0,
64     add:function() {
65       return this.n1 + this.n2;
66     }
67   };
68   calc.n1 = 10;
69   calc.n2 = 5;
70   let ans = calc.add();
71   console.log(ans);
72 }
```

- **【解説】**

calc オブジェクトに追加した add メソッドは、プロパティ n1 と n2 の和を戻り値として返します。メソッド内では、n1 は this.n1、n2 は this.n2 と表します。

すると、calc.add() として、calc.n1 と calc.n2 の和が得られます。

6 6日目　クラスとオブジェクト・組み込みオブジェクト

6日目の問題の解答です。

6-1

exercise6.gs（problem1関数）

```
01 function problem1() {
02   // Calcクラス
03   class Calc {
04     constructor(a, b) {
05       this.a = a;
06       this.b = b;
07     }
08     add() {
09       return this.a + this.b;
10     }
11     sub() {
12       return this.a - this.b;
13     }
14   }
15   // Calcクラスのインスタンスの生成
16   let calc = new Calc(5, 1);
17   // 引数として与えた２つの数の和を計算し出力
18   console.log(calc.a + '+' + calc.b + '=' + calc.add());
19   console.log(calc.a + '-' + calc.b + '=' + calc.sub());
20 }
```

- 【解説】

addメソッドのあとにsubメソッドを追加します。addメソッドがプロパティaとプロパティbの和（this.a + this.b）を返しますが、subメソッドではプロパティaとプロパティbの差（this.a - this.b）を返します。calc.sub()で、subメソッドを呼び出します。

6-2

exercise6.gs（problem2関数）

```
22 function problem2() {
23   // 空の配列を生成
24   let numbers = [];
25   // 1 ~ 100の乱数を5個配列に追加
26   for (let i = 0; i < 5; i++) {
27     // 1から100までの乱数を発生させる
28     let number = Math.floor(Math.random() * 100 + 1);
29     numbers.push(number);
30   }
31   // 配列の値を出力
32   console.log(numbers);
33   console.log('最大値:' + Math.max(...numbers));
34   console.log('最小値:' + Math.min(...numbers));
35 }
```

- **【解説】**

1 以上 100 以下の乱数は次の処理によって発生させます。

```
let number = Math.floor(Math.random() * 100 + 1);
```

最初に空の配列 numbers を用意します。for ループで 5 つの乱数を生成し、配列 numbers に push メソッドで乱数を追加すると、配列 numbers は 5 つの乱数を要素として持ちます。配列 numbers の要素のうち、最大値は Math.max メソッド、最小値は Math.min メソッドで求めます。Math.max メソッドと Math.min メソッドには、引数に配列 numbers を指定しますが、配列名の前に「...」を付ける必要があります。

exercise6.gs (problem3関数)

```
37 function problem3() {
38   let dateTime1 = new Date('2025-01-01 12:30:00');
39   let dateTime2 = new Date('2025-01-02 15:00:00');
40   let diffMs = dateTime2.getTime() - dateTime1.getTime();  // ミリ秒単
   位の差分
41   let diffHours = diffMs / (1000 * 60 * 60);        // 時間に変換
42   console.log(diffHours);
43 }
```

- **実行結果**

```
26.5
```

- **【解説】**

指定した日時をもとにDateオブジェクトを生成し、getTimeメソッドで取得したタイムスタンプの差分を取得します。タイムスタンプの値は、単位がマイクロ秒（1/1000秒）です。変数diffMsに代入したタイムスタンプの差分を(1000 * 60 * 60)で割ると、最終的に時間差である「26.5」が得られます。

あとがき

2023 年に『1 週間で JavaScript の基礎が学べる本』を出して以来、久々にこのシリーズの本を執筆してきましたが、この 2 年の間にプログラミングをめぐる環境は劇的に変化してきました。

DX の推進により、システム開発の世界でもいわゆる「ノーコード」「ローコード」と言われる開発が主体になり、従来のように Java 言語や C# 言語などを使って、コツコツと仕様書通りにプログラミングをしていく…というハードコアなスタイルはどちらかというと少数派になってきました。

同時にプログラミングを学ぶ層も大きく変わってきて、非プログラマーの普通の事務職の方などが、日常業務を行うためにプログラミングを行うようになってきました。

そういう状況を見ながら、いつかそういう方々のためにプログラミングの本を書いてみたいものだ、と思っていた矢先、本書の執筆依頼をいただき、「それじゃあ」ということで書き上げました。

執筆のために改めて GAS を学びなおしてみると、あまりにも簡単に色々なプログラムやアプリができるので、プログラミング学習の最初に GAS を選ぶと、ずいぶん楽しくプログラミングが学べるな、と思いました。

また、同時に実感したのが生成 AI の力です。実は諸事情により、この本を執筆する期間はあまり取れなかったため、「はたして発売日に間に合うだろうか？」という不安を抱えながらの執筆でしたが、サンプルプログラムの作成や、アイディア出しなどに ChatGPT を使ったところ、思った以上の成果を上げ、従来の数倍のスピードで執筆を進めることが出来ました。

本文の中でも触れましたが、生成 AI は進化の途中であることから生成 AI が出してきたサンプルプログラムや情報などは誤りが多い上に、著作権などの問題もあるためそのまま鵜呑みにして無修正で使ってしまうことは危険ですが、使う側にリテラシーがあると、大変強い味方になってくれるツールだということをつくづく感じました。

こういったツールを使っていると、本書のシリーズの 1 冊目である『1 週間で C# の基礎が学べる本』が出た 2019 年から比べると、10 年もしないうちにプログラミングをとりまく環境は変わったものだと驚嘆せざるを得ません。

そういう変化を脅威に感じたり、疎外感を感じたりする人も少なくないとは思いますが、私自身は大変面白く、肯定的にとらえています。新たにやってみたいことや、本に書いてみたいテーマが次々と頭に浮かび、またそれらを本書のような形にできていけたら嬉しいなと思っております。

最後に、この本を出版できたのは編集長の玉巻様、担当編集の畑中様、編集プロダクションであるリブロワークスの内形様、井川様をはじめとして、多くの方のご助力、ご助言の賜物であると考えており、最後にこの場を借りてお礼を申し上げたいと思います。

2025年2月　亀田健司

索引

さ行

た行、な行

は行

ま行

や行

ら行

著者プロフィール

亀田健司（かめだ・けんじ）

大学院修了後、家電メーカーの研究所に勤務し、その後に独立。現在はシフトシステム代表取締役として、AIおよびIoT関連を中心としたコンサルティング業務をこなすかたわら、プログラミング研修の講師や教材の作成などを行っている。
同時に、プログラミングを誰でも気軽に学べる「一週間で学べるシリーズ」のサイトを運営。初心者が楽しみながらプログラミングを学習できる環境を作るための活動をしている。

■一週間で学べるシリーズ
https://sevendays-study.com/

スタッフリスト

編集	内形 文、井川 宗哉（リブロワークス）
	畑中 二四
校正協力	株式会社トップスタジオ
表紙デザイン	阿部 修（G-Co.inc.）
表紙イラスト	神林 美生
表紙制作	鈴木 薫
本文デザイン・DTP	リブロワークス デザイン室
編集長	玉巻 秀雄

本書のご感想をぜひお寄せください
https://book.impress.co.jp/books/1124101109

読者登録サービス CLUB IMPRESS
アンケート回答者の中から、抽選で**図書カード（1,000円分）**などを毎月プレゼント。
当選者の発表は賞品の発送をもって代えさせていただきます。
※プレゼントの賞品は変更になる場合があります。

■商品に関する問い合わせ先
このたびは弊社商品をご購入いただきありがとうございます。本書の内容などに関するお問い合わせは、下記のURLまたは二次元コードにある問い合わせフォームからお送りください。

https://book.impress.co.jp/info/

上記フォームがご利用いただけない場合のメールでの問い合わせ先
info@impress.co.jp

※お問い合わせの際は、書名、ISBN、お名前、お電話番号、メールアドレス に加えて、「該当するページ」と「具体的なご質問内容」「お使いの動作環境」を必ずご明記ください。なお、本書の範囲を超えるご質問にはお答えできないのでご了承ください。

●電話やFAX でのご質問には対応しておりません。また、封書でのお問い合わせは回答までに日数をいただく場合があります。あらかじめご了承ください。
●インプレスブックスの本書情報ページ https://book.impress.co.jp/books/1124101109 では、本書のサポート情報や正誤表・訂正情報などを提供しています。あわせてご確認ください。
●本書の奥付に記載されている初版発行日から3 年が経過した場合、もしくは本書で紹介している製品やサービスについて提供会社によるサポートが終了した場合はご質問にお答えできない場合があります。

■落丁・乱丁本などの問い合わせ先
FAX 03-6837-5023
電子メール service@impress.co.jp
※古書店で購入された商品はお取り替えできません

1週間でGoogle Apps Scriptの基礎が学べる本

2025年3月11日 初版発行

著　者 亀田 健司
発行人 高橋 隆志
編集人 藤井 貴志
発行所 株式会社インプレス
〒101-0051 東京都千代田区神田神保町一丁目105番地
ホームページ https://book.impress.co.jp/

本書は著作権法上の保護を受けています。本書の一部あるいは全部について（ソフトウェア及びプログラムを含む）、株式会社インプレスから文書による許諾を得ずに、いかなる方法においても無断で複写、複製することは禁じられています。

Copyright©2025 Kenji Kameda. All rights reserved.

印刷所 日経印刷株式会社

ISBN978-4-295-02132-2 C3055

Printed in Japan